面100

懒人的日式料理

[日] 濑尾幸子　著　于春佳　译

煤炭工业出版社

·北京·

前言

请各位回想一下，自己第一次做面条时，用什么样的面条呢？

我第一次做面是在小学的时候，亲手为自己煮了一次袋装方便面。

记得当时加入的鸡蛋被煮散了，完全煮成蛋花了。

只是稍微多煮了一会儿，但是面条软软的，非常美味。

到我小学六年级的时候，开始出现杯装方便面。

不知道为什么，我总觉得杯面一定要用里面附赠的塑料叉子吃才过瘾。

在那之后，就出现了意大利面、凉面、小麦面、挂面、乌冬面等。

还有严格按照家庭料理时间制作出来的肉酱，美味到无法言喻。

之所以觉得美味，可能跟我们家不怎么吃意大利面有一定的关系吧！

比起费时费力烹制料理，

任何时候都能怀着愉悦的心情简单烹调，

这就是面条最大的好处。

即使您完全不会做菜，做面条也是没有问题的！

有了木书，您很快就能轻松熟练做出各种美味的面条。

您可以结合个人喜好，

适当调整面条的煮制时间和热水的用量。

制作过程也可以乐在其中。

选用自己喜欢的面类，

搭配顺口的酱汁和食材，

充分享受原创料理的美味和乐趣吧！

"简便标记"的查看方法

本书中介绍的各种面条的制作方法，有难易度区分：超级简单的用 1 个碗🥣标记；简单的用 2 个碗🥣标记；制作方法较为简单，但准备食材需要花费一点时间的用 3 个碗🥣标记。您可以结合想要吃的面条种类以及实际情况选择。

……略微麻烦

……简单

……超级简单

◎想要增加食材用量时

本书中记载的食材用量，除有特殊标记外，基本都是一人份，如果您想要增加用量，只需要乘以人数简单计算即可。但是，调料需要控制用量，必要时可以尝一下味道，再适当调整。

目录

四

意大利面

五

中华面

专栏

制作须知

· 1 杯约为 200mL，1 大匙约为 15mL，1 小匙约为 5mL。大匙为咖喱汤匙大小。小匙为茶匙大小。

· "1 小撮"是指用大拇指、食指和中指捏起来的分量。

· 橄榄油一般会用特级初榨橄榄油。

· 食谱中荞麦面和乌冬面的部分，干面可以换成冷冻面或者新鲜面，冷冻面也可以换成干面或者新鲜面。

· 使用"2 倍浓缩"面用调味汁的时候，可以适当将面用调味汁的用量增至 1.5 倍，将水的用量减至 0.8 倍，以此为标准，结合味道进行适当调整。

白芝麻碎

想要变换味道时，建议您适量添加芝麻碎。磨碎的芝麻比炒芝麻香味更浓。

盐渍海带

具有一定的鲜味和美味，不仅可以用于制作乌冬面和荞麦面，还可以用来制作意大利面。

专栏 ❶ 不可或缺的作料

辣白菜

想增加辣味的时候可以选用辣白菜。还可以作为起锅汤面（p.34）的配料。

细香葱

与任何面条搭配均可，真的是万能的小葱。需要将其切碎后冷藏或者冷冻保存。

腌渍榨菜（罐装）

榨菜不仅可以用来制作中华料理，还可以用来制作和风面食。加入榨菜后能够瞬间提升料理的味道。

油渍沙丁鱼

当分量不是很足的时候可以添加这味小菜。还可以直接放置于猫饭挂面（p.8）上，十分美味。

腌渍芥菜

其独有的咸味和风味能够对料理起到很好的点缀作用。此外，各种盐渍菜都适合与面条搭配食用。

小鱼干

可以用于分量不足的时候，香味与口感均上乘。

慵懒平日的
超简单面条

将热水倒入锅里，煮至沸腾，加入面条煮，就大功告成了。之后只需要随心情加入些许配料，浇上酱油，放上些黄油即可。这样简单的面食，无论怎样慵懒的时刻都能轻轻松松做出。

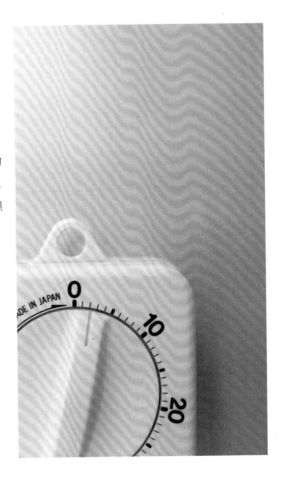

猫饭挂面

日式猫饭的挂面版。学生时代读过的随笔中就有关于猫饭料理的记载。只需要多加入些细香葱和干鲣鱼片就十分美味。制作时要注意,挂面一定要趁热搅拌,因此煮好后的挂面要放回热锅里搅拌均匀。搅拌时稍微加入些芝麻油,面就比较更容易搅开了。

● 食材(1人份)

挂面…………… 2 把(100g)
干鲣鱼片……… 1/2 盒(2g)
细香葱(切葱花)……… 6 根
□酱油、蛋黄酱

向锅里多加入些热水,将挂面煮好。

用笊篱捞出煮好的挂面,沥干水分,趁热放回热锅里。

向锅里加入 1 小匙酱油、2 小匙~1 大匙蛋黄酱,加入干鲣鱼片。

将锅里的食材迅速搅拌均匀,装盘,多放上些细香葱。如果喜欢还可以多加入些七味粉。

釜玉风乌冬面

　　"2团面搭配1个鸡蛋"是釜玉风料理的黄金比例。1团面加入1个鸡蛋就有些多了，此时可以直接选用鸡蛋中最为浓稠的部分——蛋黄进行制作。这种风味的面类一定要趁热食用，因此装面的容器也要事先热一下。

●食材（1人份）

乌冬面（冷藏）………… 1团
蛋黄…………………… 1个
细香葱（切葱花）……… 2根
干鲣鱼片……… 1/4 盒（1g）
□酱油

向锅里多加入些热水，将冷冻状态的乌冬面加入锅里煮。

用乌冬面煮面汤将装面的碗热一下。笊篱放到面碗上方，将乌冬面倒入笊篱里，充分沥干面汤。

倒掉面碗里的面汤（注意不要烫伤），将面条倒入面碗里。

将蛋黄、细香葱、干鲣鱼片置于面条上，浇上2小匙酱油。趁热将面条和各种食材搅拌均匀。

素意大利面

想必没有比这款意大利面更加简单的食用方法了吧！这是一种超级简单的素食意大利面。用香味较为浓郁的橄榄油代替黄油也十分美味。"将意大利面煮至口感劲道后直接食用"，这种吃法大概也有 35 年的历史了！在这种吃法出现之前，人们一般都会将煮好的意大利面置于平底锅里充分翻炒之后再食用。

●食材（1 人份）

意大利面······················ 100g
帕尔马干酪（磨碎）··· 3 大匙
□食盐、黄油、粗碾黑胡椒

将意大利面放到加入适量食盐的热水里煮（以 2L 热水里加入 1 大匙食盐为宜）。用笊篱捞出煮好的意大利面，沥干水分，将面条置于事先预热好（这点很重要）的容器里。

将 1 大匙黄油、少许黑胡椒、帕尔马干酪置于面条上，搅拌均匀即可享用。

咸味海带黄油意大利面

选用上等咸味海带，就能拥有较为上乘的美味体验。稍微倒上些酱油，再加入些萝卜泥，搅拌后一起食用，就能感受更清爽的口感。

●食材（1人份）
意大利面··························· 100g
咸味海带（切细丝）········ 1½ 大匙
萝卜泥····························1/2 杯
绿紫苏（切细丝）·············· 4 片
□食盐、黄油

●制作方法
①将意大利面置于加入适量食盐的热水里煮，煮好后用笊篱捞出沥干水分，趁热将意面放回热锅里。
②加入 1 大匙黄油、咸味海带后搅拌均匀，装盘。加入稍微沥干水分的萝卜泥，放上绿紫苏，将各种食材搅拌均匀。此外，还可以结合个人口味，向萝卜泥里加入适量酱油。

紫苏拌饭料黄油意大利面

紫苏拌饭料除了用于制作饭团之外，还有很多种食用方法。可以将其撒于煮好的肉类上，用于寿司的调味等。这款意大利面还可以搭配酒蒸鸡胸肉，搭配小银鱼也十分美味。

●食材（1人份）
意大利面··························· 100g
紫苏拌饭料····················· 2 小匙
□食盐、黄油

●制作方法
①将意大利面置于加入适量食盐的热水里煮，煮好后用笊篱捞出沥干水分，趁热将意面放回锅里。
②加入 1 大匙黄油和紫苏拌饭料搅拌均匀。装盘，结合个人口味加入少许酱油即可。

黏稠凉荞麦面

带有黏性的食材总会给人一种能量，十分适合与夏日荞麦面搭配。山药利于消化，没有充分磨碎，也会有沙沙的酥脆口感。此外还可以结合口味，加入适量海苔、干鲣鱼片、炒鸡蛋等食材。

●食材（1人份）

荞麦面（干面）……	1把（100g）
山药………………………	6cm
秋葵………………………	4根
裙带菜梗丝…………	1盒（50g）
生姜（磨碎）…………	1小匙
市售荞麦面调味汁（纯正）…	70mL
□食盐	

将山药去皮，放入塑料袋里，用擀面杖等敲碎。敲击至残留1cm小块的状态，这样的口感比较好。

事先将秋葵用少许食盐揉搓一下，去掉浮毛，用清水冲一下。去蒂后切成适当大小备用。

向锅里多加些热水，加入荞麦面煮一会儿。用笊篱捞出煮好的面条，用凉水清洗，沥干水分后装到容器里。

放上切好的秋葵，将装有山药的塑料袋底部剪开，挤出处理好的山药，浇上荞麦面调味汁即可。

简单梅子挂面

这种挂面类似于茶泡饭。在海带茶味道的基础上增加梅子的独特风味。
还可以根据喜好，适量加入些柚子胡椒，添加一丝丝辣味也十分美味。
这款梅子挂面很适合醉酒或者宿醉之后食用。

●食材（1人份）

挂面·············· 2把（100g）
干裙带菜·················· 1大匙
梅子干···················· 1个
白芝麻碎·················· 1大匙
◎调味汁
海带茶（颗粒）······ 1½小匙
热水······················ 1½杯
酱油······················ 1小匙
食盐······················ 1小撮

向锅里多加入些热水，加入适量挂面煮一会儿，在面条煮好前30秒加入裙带菜一起煮。

将制作调味汁用的各种食材加入到面碗里，搅拌均匀。

用笊篱捞出煮好的挂面和裙带菜，沥干水分，趁热倒入面碗里。

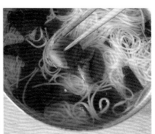

加入去核的梅子干，撒上芝麻碎即可。

手工辣油

基本做法是加入芝麻油和辣椒，还可以加入切碎的大蒜和生姜，加热后制作出具有多种风味的辣油。另外，待辣油冷却之后，还可以加入 1/2 小匙胡椒粉，营造出一种较为复杂的辣味。搅拌均匀与辣椒一起食用会更加美味。

食材（容易制作的分量）与制作方法
将 1½ 杯芝麻油加到平底锅里，加入 4 大匙辣椒粉，用文火加热，加热至芝麻油冒出少量气泡，关火使食材充分冷却。然后放入罐子里置于阴暗处保存，能够保存半年左右。

手工作料

专栏 ❷

蒜味鱼露酱

即使不喜欢鱼露味道的人也会对这款蒜味鱼露酱爱不释手。如果酱汁里的鱼露变少，可以适当添加，这样就能食用很长时间。

食材（容易制作的分量）与制作方法
将 2 瓣大蒜切薄片后置于罐子里，倒入 1/2 杯鱼露后放置一晚。将做好的鱼露酱置于冰箱冷藏室保存，大约可以保存 2 个月。

油渍青辣椒

从初夏到盛夏，正是青辣椒的食用季节。根据喜好，可以将辣椒切碎后用酱油腌渍。腌好的青辣椒跟挂面和乌冬面等搭配起来味道很棒！

食材（容易制作的分量）与制作方法
10 根生青辣椒去蒂，切成小段，放入罐子里，多倒入些酱油，放置一晚左右。将做好的油渍辣椒置于冰箱冷藏室里保存，大约可以保存 2 个月。

挂面 /
荞麦面

挂面因煮面时间较短而深受大家喜爱。荞麦面
则因荞麦面粉的独特香味以及独特的口感而深
受欢迎。带汤汁、不带汤汁、浸入式以及浇汁式，
多种食用方法令人欲罢不能、停不下口。

*挂面 / 荞麦面的煮法→ p.30

清香浇汁挂面

因为我比较喜欢各种香味蔬菜，于是就在这款面条里加入了茗荷或者生姜、绿紫苏等带有香味的配料。香菜的添加，陡然给人一种亚洲料理的感受。还可以依喜好搭配不同的香味蔬菜，尽情尝试吧。

●食材（1人份）

挂面	2把（100g）
黄瓜	1/2根
茗荷	1个
樱花虾	2撮
酸橘	1/2个
◎汤汁	
市售面用调味汁（3倍浓缩）	1大匙
水	4大匙

●制作方法

①用热水煮挂面，煮好后过凉水，沥干水分，装盘。
②将黄瓜斜向切薄片，然后切细丝。茗荷纵向切开，然后斜向切薄片。
③将②中切好的食材、樱花虾等放到①中煮好的面条上，浇上搅拌好的汤汁，放上酸橘。如果您喜欢，还可以将酸橘挤出汁后拌入面中，清爽味美。

裙带菜浇汁挂面

炎炎夏日，将面置于冰水中过水之后再享用吧！裙带菜和汤汁等也要先置于冰箱冷藏室冷却，吃的时候感觉整个身体都被唤醒，美味程度倍增。

●食材（1人份）

挂面	2把（100g）
裙带菜梗丝	1盒（50g）
大葱	10cm
烤海苔	1/2片
生姜（磨碎）	1小匙
◎汤汁	
市售面用调味汁（3倍浓缩）	1大匙
水	4大匙

●制作方法

①用热水煮挂面，煮好后过凉水，沥干水分，装盘。
②将大葱纵向切开，再切成葱花。
③将烤海苔用手揉碎，放到①中面条上，放上②中切好的葱花、裙带菜梗丝和生姜，搅拌均匀，浇上汤汁即可。

扇贝丁浇汁挂面

这款面条选用扇贝丁罐头作为原料。制作时罐头里的汤汁也不要浪费，可以直接加入面汤里，增加面条的风味。京水菜一般会与面条一起煮一段时间，此外还可以选用猪毛菜、豆苗等搭配。

●**食材（1人份）**

挂面·······················2 把（100g）
水煮扇贝罐头···········1 小罐（75g）
京水菜·························1 棵
洋葱·························1/4 个
◎汤汁
市售面用调味汁（3 倍浓缩）··· 1 大匙
水·····························4 大匙
水煮扇贝罐头汤汁·················1 大匙
□七味粉*

* 日本调味料，以辣椒为主，可用普通辣椒粉代替。

●**制作方法**

①将扇贝罐头里的汤汁与扇贝肉分开，扇贝肉撕碎备用，扇贝肉汤汁与其余食材混合。将京水菜切成4cm 长段，洋葱切薄片后过水，沥干水分。
②用热水煮挂面，在面条煮好前加入京水菜，将其与面条一起煮一段时间。将煮好的面条过凉水，沥干水分，直接装盘。
③将准备好的洋葱、扇贝肉放到②中煮好的面条上，浇上混合好的汤汁，撒上七味粉即可。

辣白菜挂面

将辣白菜的腌渍汁直接加入面汤里享用。其实，各种日常挂面除常规食材外，都可以加入些切碎的辣白菜，吃惯的人会觉得不可或缺。从这一点上来看，与其说辣白菜是韩国特色，还不如说是面条里不可或缺的。如果感兴趣的话，不妨尝试一下，绝对带给您不一样的美味感受。

● 食材（1 人份）

挂面……………………… 2 把（100g）
辣白菜…………………… 50g
豆苗……………………… 1/3 袋
白芝麻…………………… 少许
◎汤汁
市售面用调味汁（3 倍浓缩）… 1 大匙
水………………………… 3 大匙
辣白菜腌渍汁…………… 1 大匙
白芝麻…………………… 少许

● 制作方法

①用热水煮挂面，煮好前 30 秒，加入去根的豆苗，与面条一起煮一会儿。将煮好的面条过凉水，沥干水分，直接装盘。

②将辣白菜切成方便食用的长短，放到①中煮好的面条上，撒上白芝麻。浇上搅拌好的汤汁，稍微搅拌一下就可以享用了。

油挂面

最初是冲绳当地的老婆婆们模仿很久以前的味道制作而成的。选用水煮小鱼干以及芝麻油调味，味道上给人一种沉稳的感觉。据说将这种料理稍加变化，就产生了后来的"蔬菜豆腐料理"。

●食材（1人份）

挂面·········· 2 把（100g）	水·············· 1½ 杯
细香葱（切葱花）··· 3 根	酱油············· 1 小匙
红姜············· 适量	芝麻油··········· 1 小匙
◎汤汁	鸡精············ 1/3 小匙
小鱼干············ 8 小根	食盐············ 1/3 小匙
煮汤海带······· 1cm×3cm	

●制作方法

①将小鱼干去头、去内脏，海带用手撕成小块备用。
②将①中处理好的食材加到锅里，加入少量清水，用中火煮 7~8 分钟，将剩余的汤汁食材也加到锅里。
③将挂面用热水煮至略硬，过凉水，沥干水分，加入②的锅里。待面条变热之后，带汤汁一起装盘，放上红姜和细香葱装饰即可。

盐汁鱼露挂面

最初是盐汁鱼露是用鱼制作的酱油，其中用叉牙指鱼制作的酱油香味独特，最为上乘。泰国料理中的鱼露以及越南的鱼酱都是相似的种类。这种鱼露味道浓郁，也适合用于制作沙拉以及炒菜等。

●食材（1人份）

挂面····························· 2 把（100g）	
豆苗····························· 1/2 袋	
A 大蒜（切薄片）·················1 瓣	
红辣椒（切小圈）··············· 1/2 个	
盐汁鱼露·······················1 小匙	
柠檬（切成半月形）···············1 片	
□橄榄油、食盐、粗碾黑胡椒	

●制作方法

①用热水煮挂面，煮好后过凉水，沥干水分备用。
②豆苗去根，从中间切开备用。
③向平底锅里加入 2 大匙橄榄油、A 中食材，用文火加热，待炒出香味，加入①中煮好的面条、盐汁鱼露、食盐、黑胡椒翻炒。加入②中准备好的豆苗稍微翻炒一下，装盘，撒上适量黑胡椒，摆上柠檬即可。

热浇鸡块挂面

这款面条是我之前去朋友家做客，朋友亲手烹调招待我们的。我之前没有吃过这种很热的蘸面，其美味让我着实吃惊。学会后这款面条便成了我们家的常备食谱。我用教我做面条的朋友的名字来为它命名，在家里我们将其亲切地称为"小六挂面"。

●食材（1人份）

挂面……………………… 2把（100g）
大葱（切葱花）………………… 适量
◎蘸汁
鸡大腿肉…………………………1/4块
市售面用调味汁（3倍浓缩）………1/4大匙
水………………………………… 1¼杯
□七味粉

●制作方法

①将鸡肉切成2cm见方的小块，将切好的鸡肉与适量清水加到锅里，边煮边撇除表面浮沫，大约文火煮10分钟即可。加入适量调味汁调味（因火候不同，蘸汁的浓度和味道也会有差异，必要时可用调味汁和清水适当调整）。

②用热水煮挂面，煮好后过凉水，沥干水分，装到容器里。趁热在①中加入切好的葱花，撒入适量七味粉即可。

油浸挂面 ♨

油香味十足，非常美味。在日常挂面里加入些香味浓郁的食用油，便会体验到完全不一样的美味。橄榄油与酱油的味道竟如此相配。除番茄和洋葱外，还可以加入干罗勒叶、黑胡椒粉等香料，一定要亲自尝试制作这种独特风味。

凉汁挂面 ♨

用浇在米饭上的凉汁直接佐食挂面，省时省力。放入冰块充分冷却，能够让您在炎炎夏日里体会丝丝凉意。如果想要浇到米饭上，建议先烤竹笺鱼干等干物，用容器捣碎后直接加入，这样味道更地道。如果直接浇到挂面上，则无需加入竹笺鱼。

●食材（1 人份）

挂面·······················2 把（100g）
◎橄榄油蘸汁
市售面用调味汁（3 倍浓缩）···1 大匙
水································3 大匙
橄榄油、柠檬汁············各 1 大匙
酱油·····················1/2 大匙
番茄、洋葱··················各适量

◎芝麻油蘸汁
市售面用调味汁（3 倍浓缩）···1 大匙
水································3 大匙
芝麻油·······················2 小匙
大葱、生姜··················各适量

●制作方法
①将制作橄榄油蘸汁的各种食材混合均匀，加入切成1cm 见方的番茄和切碎后用水清洗过的洋葱。
②将制作芝麻油蘸汁的各种食材混合均匀，大葱切成葱花，加入切碎（或者磨碎）的生姜备用。
③用热水煮挂面，煮好后过凉水，沥干水分，装盘，浸入①、②两种蘸汁中食用。

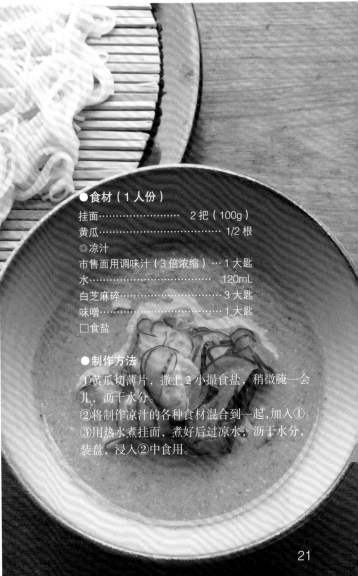

●食材（1 人份）

挂面·······················2 把（100g）
黄瓜··························1/2 根
◎凉汁
市售面用调味汁（3 倍浓缩）···1 大匙
水································120mL
白芝麻碎·····················3 大匙
味噌·························1 大匙
口食盐

●制作方法
①黄瓜切薄片，撒上 2 小撮食盐，稍微腌一会儿，沥干水分。
②将制作凉汁的各种食材混合到一起，加入①。
③用热水煮挂面，煮好后过凉水，沥干水分，装盘，浸入②中食用。

炒面

这种炒面是无法用刚刚煮好的挂面制作的。煮面的时候一定要将面条煮得稍微硬一些，防止面条粘到一起，倒入适量色拉油，搅拌好后将面条静置一段时间。即使着急食用，也至少要放置40分钟。建议选用前一天剩余的挂面制作，味道更佳。

●食材（1人份）

挂面……………… 2 把（100g）
午餐肉………………………… 70g
大葱………………………… 1/2 根
鸡蛋………………………… 1 个
鸡精………………………… 1/5 小匙
红姜………………………… 适量
□色拉油、芝麻油、食盐、
　胡椒粉、酱油

●制作方法

①将挂面用热水煮至稍微发硬，过凉水，沥干水分备用。加入1大匙色拉油搅拌均匀，将搅拌好的面条放置1小时左右，放置过程中要不断搅拌。此外，还可以直接用前一天剩余的面条。

②将午餐肉切成条状，大葱斜向切薄片后备用。

③在平底锅里加入1大匙芝麻油，待油热之后，加入②中切好的食材，用中火翻炒至食材变软。加入煮好的挂面、1/4小匙食盐、少许胡椒粉和适量鸡精，翻炒。将平底锅倾向一边，在空余的地方倒入搅拌开的蛋液，迅速将鸡蛋与各种食材混合均匀，加入1/2小匙酱油搅拌均匀。装盘，放上红姜即可。

大葱鸡皮日式炒面

这是一款添加面用调味汁的日式炒荞麦面。有很多人不喜欢吃鸡皮，但喜欢吃的人又会觉得爱不释口，这款炒面直接将鸡皮的美味融入面条里。制作时，尽量将鸡皮切得细一些，这样不会影响面条整体的口感。

●食材（1人份）

荞麦面（干面）…………… 1把（100g）
鸡皮…………………… 1/2片（30g）
大葱……………………………1根
市售面用调味汁（3倍浓缩）…1大匙
□七味粉

●制作方法

①将荞麦面用热水煮至稍硬些，煮好后过凉水，沥干水分备用。
②将鸡皮切碎，大葱斜向切成薄片。
③平底锅热一下，用中火将鸡皮里的油脂炒出来。加入切好的大葱稍微翻炒一下，加入荞麦面继续翻炒，加入适量调味汁，翻炒至没有汤汁。装盘，撒上七味粉即可。

萝卜荞麦面

🍵 🍵

将切好的萝卜丝用食盐揉搓一下，加入荞麦面里。这样荞麦面就会有一种爽口的口感。萝卜与荞麦面的搭配也十分合理，味道独特。这虽不是一款专门为减肥设计的料理，但是因为萝卜丝的加入，很好地控制了此款面条的热量。

●食材（1 人份）

荞麦面（干面）…… 1/2 把（50g）
萝卜…… 2.5cm
豆苗…… 1/2 袋
◎芝麻蘸汁
市售面用调味汁（3 倍浓缩）… 1 大匙
水…… 3 大匙
白芝麻碎…… 2 大匙
蛋黄酱…… 1 小匙
◎梅干蘸汁
市售面用调味汁（3 倍浓缩）… 1 大匙
水…… 3 大匙
梅干（切碎）…… 1 个
紫苏拌饭料…… 1/4 小匙
□食盐

●制作方法

①将萝卜去皮后切成细丝，加入 1/3 小匙食盐轻轻揉搓，腌至萝卜丝变软，沥干水分备用。将豆苗去根，从中间切两段。
②用热水煮荞麦面，煮好后过凉水，沥干水分，将其与①中食材混合，搅拌均匀后装盘。
③混合好 2 种蘸汁，用面条蘸取蘸汁食用。

烫面荞麦饼

这是一款充分体现荞麦香味的快餐料理。小时候我还不是很了解荞麦粉的美味，与煮好的荞麦面相比，这种烫面荞麦饼的味道更加上乘。

●食材（1 人份）

荞麦面粉	1/3 杯
热水	1/2 杯
市售荞麦面调味汁	适量
现磨芥末	少许

●制作方法

将荞麦面粉放入面碗一类的容器里，倒入热水，用筷子快速搅拌，直至面粉结成团，做好后搭配荞麦面调味汁和现磨芥末食用。

在荞麦面粉中直接倒入沸腾的热水，用长筷快速搅拌成较大的面团即可。

越前萝卜泥荞麦面

自从我在白山旅馆吃过这种荞麦面，就爱不释口、欲罢不能。店里的老板娘说："1 人吃 2 盘是约定俗成的。"旅馆里还有一条看门狗，名字叫作"银"。为了采到纯天然的新鲜芥末，他们会步行 3 小时去到很远的地方。如果没有"银"带路，老板娘甚至会迷路。历经艰辛，从森林深处采摘到的纯天然芥末，美味令人无法想象。

●食材（1 人份）

荞麦面（干面）	1 把（100g）
萝卜泥	1 杯
细香葱（切葱花）	4 根
干鲣鱼片	1 盒（4g）
现磨芥末	少许

◎汤汁	
市售面用调味汁（3 倍浓缩）	2 大匙
水	1/4 杯
萝卜汁	1/4 杯

●制作方法

①将萝卜泥控干水分，挤出的萝卜汁与制作汤汁的食材混合。
②用热水煮荞麦面，煮好后过凉水，沥干水分，装盘备用。
③在②中的面条上放上萝卜泥、细香葱、干鲣鱼片，添加现磨芥末，浇上①中做好的汤汁即可。

山药糊热鸡蛋荞麦面

一款选用温泉蛋的浓稠蛋黄与山药混合制作的荞麦凉面。也可以做成热荞麦面。想要做成热面的时候，汤汁也要做得热一些。如果买到品质不错的滑子菇，稍微用热水烫一下，加到料理中，口感上乘。

●食材（1人份）

荞麦面（干面）………… 1把（100g）
山药……………………………… 6cm
滑子菇………………………… 1/2袋
温泉蛋…………………………… 1个
细香葱（切葱花）……………… 2根
市售荞麦面调味汁…………… 5大匙

●制作方法

①将滑子菇置于笊篱中，放入热水里焯一下。
②山药去皮后放入塑料袋里，用擀面杖敲打，敲成稍微带有小块状山药的山药糊。
③将荞麦面用热水煮好，过凉水，沥干水分，直接装盘。放上①中处理好的滑子菇，撒上细香葱，把②中的塑料袋底部剪开，挤出山药糊，放上煮好的温泉蛋，浇上调味汁即可。

酱汁山药糊凉面

在山药糊里加入味噌制成面条汤汁。制作山药糊时最好选用黏性较大的山药。山药糊的浓稠度可根据个人喜好调整，如果想要味道清淡一些，可以在搅拌的时候加入适量清水，以控制做出来的山药糊的黏性。也可以将酱汁山药糊直接浇到米饭上食用。

●食材（1人份）

荞麦面（干面）……1把（100g）
干鲣鱼片、白芝麻碎………各适量
◎酱汁山药糊
山药……………………………50g
市售面用调味汁（3倍浓缩）、味噌
………………………各1大匙
水………………………6大匙
□七味粉

●制作方法

①将山药去皮后置于研磨钵里磨碎，加入面用调味汁、味噌、适量水后用木棍搅拌均匀。
②将荞麦面用热水煮好，过凉水，沥干水分，直接装盘。浇上①中做好的酱汁，放上干鲣鱼片和芝麻碎，撒上七味粉即可。

用研磨钵更容易搅拌出较为浓稠的山药糊。

纳豆鸡蛋热面

利用纳豆的黏性，鸡蛋能够在瞬间起泡。被鸡蛋包裹之后，纳豆的味道也变得十分温和。磨碎的纳豆比粒状的纳豆味道淡很多，利于消化，是制作这款面条的不二选择。

● 食材（1 人份）

荞麦面（冷冻）……………… 1 团	◎汤汁
磨碎纳豆……………… 1 盒（40g）	市售面用调味汁（3 倍浓缩）
鸡蛋……………… 1 个	……………… 1 大匙
细香葱（切葱花）……… 3 根	热水……………… 3 大匙

● 制作方法

① 将纳豆和鸡蛋加到碗里，用筷子搅拌约 100 次，使纳豆蛋液蓬松起泡。

② 将荞麦面用热水煮好，沥干水分，直接装盘。放上 ① 中搅拌好的纳豆蛋液，浇上搅拌好的热汤汁，撒上细香葱即可。

松肉荞麦面

这是一款浸到松肉酱汁里的荞麦面。小时候由于不知道荞麦面的美味，总是很抗拒祖母亲手制作的黑粗荞麦面。适量添加鸡肉、芋头等食材也十分美味。

● 食材（1 人份）

荞麦面……………… 1 把（100g）	鲜香菇……………… 1/2 朵
萝卜……………… 1.5cm	寿司豆腐皮……………… 1/8 片
胡萝卜……………… 1/6 根	市售面用调味汁（3 倍浓缩）
牛蒡……………… 3cm	……………… 2 大匙
大葱……………… 5cm	大葱（切葱花）……………… 适量

● 制作方法

① 萝卜和胡萝卜去皮，切成楔状小块。牛蒡斜切成片，大葱切成 1cm 宽小段。香菇去掉菌根，切薄片，寿司豆腐皮切成短条。

② 将 ① 中准备好的各种食材加到锅里，加入 1½ 杯水，用中火煮 7 分钟左右，煮的过程中要撇除表面的浮沫。煮至各种食材变软，加入面用调味汁。

③ 将荞麦面用热水煮好，过凉水，沥干水分，与切成葱花的大葱一起装盘。趁热浸入 ② 中食用。

咖喱荞麦面

用炸虾代替天妇罗虾，也十分美味。炸丸子、炸牡蛎、炸猪排等各种添加面包屑
的油炸食物，都十分适合用于作荞麦面的配料。车站附近荞麦面店的炸丸子荞麦
面也十分美味。

● 食材（1 人份）

荞麦面（冷冻）……………………1 团
市售炸虾……………………………1 个
京水菜……………………………1/2 棵
细香葱（切葱花）…………… 适量
◎ 汤汁
市售面用调味汁（3 倍浓缩）…2 大匙
水 ……………………………1¼ 杯
A | 淀粉 ……………………1½ 小匙
  | 咖喱粉 ……………………1 小匙
  | 水 ……………………………1 大匙
□ 食盐

● 制作方法

①将京水菜置于加入少量食盐的热水里煮一下，沥干水分，
切成 3~4cm 长段备用。
②将制作汤汁用的全部食材加到锅里，煮一段时间，将锅里
的食材搅拌均匀，一点点加入 A 中的食材，增加黏稠度。
③将荞麦面用热水煮好，沥干水分后装盘，浇上②中做好的
汤汁。摆上炸虾，撒上细香葱即可。

面的煮法

（挂面／荞麦面／乌冬面）

● 干面（挂面／荞麦面／乌冬面）

＊图片以挂面为例。

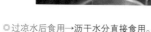

煮 100g 面条（1 人份）一般会选用直径 21cm 的圆锅。在锅里多加些热水，煮至沸腾，加入干面。

煮宽面的时候，面条容易粘连，要边煮边搅动。

↓

为防止面条粘连到一起，需要立即用筷子搅动。将火调小，以面条刚好可以静静跳动的火候为宜。

↓

煮面时间以面条包装袋上标示的时间为宜，可结合个人喜好适当调整。搭配热汤时，可将面条煮得稍微硬些。煮好后用笊篱捞出面条，沥干水分备用。

↓

将煮好的面条置于流水下，冲掉面条上的黏液。

↓

上下晃动笊篱，将水分充分沥干。

◎过凉水后食用→沥干水分直接食用。
◎趁热食用→沥干热水，将面条在热水里稍微过一下再食用。

● 冷冻面（荞麦面／乌冬面）

向锅里多加些热水，待热水煮沸，加入冷冻状态的面条，用大火煮几分钟，使面条完全散开。用笊篱捞出煮好的面条，沥干水分。
◎过凉水后食用→将沥干热水的面条置于流水下冲洗，沥干水分后食用。
◎趁热食用→沥干面条上的热水后直接食用。

● 水煮型面条（荞麦面／乌冬面）

向锅里多加些热水，待热水煮沸，加入面条，用大火煮至面条散开。用笊篱捞出煮好的面条，沥干水分。
◎过凉水后食用→将沥干热水的面条置于流水下冲洗，沥干水分后食用。
◎趁热食用→沥干面条上的热水后直接食用。

将剩余的面条置于冰箱冷藏室保存

煮好的面条置于冰箱冷藏室可以保存 2~3 天。用 3 根手指抓起面条（这样正好是一小口的量），将面条分成一小团一小团置于保存容器里，放在冰箱冷藏室里保存。

乌冬面

无论是做凉面、汤面，抑或是炒面，乌冬面顺滑、爽口的口感，都可以令人尽情享受美味。这种深层的美味，是乌冬面所独有的。根据粗细和形状不同，乌冬面有很多种类，一定要结合食材适当选择和搭配。

＊乌冬面的煮法→ p.30

沙拉烤肉乌冬面 🥣🥣

既有肉又有蔬菜，一款丰盛的乌冬面。添加叉烧肉和烤肉也很美味，
无暇做饭的时候，强烈推荐这款沙拉烤肉乌冬面。

●食材（1 人份）

乌冬面（冷冻）…………	1 团	市售烤肉酱…………………	1 大匙 *
牛肉片…………………	70g	蛋黄酱…………………	2 小匙
洋葱…………………	1/4 个	◎汤汁	
番茄…………………	1/2 个	市售面用调味汁（3 倍浓缩）…	1 大匙
生菜…………………	1 片	水…………………	3 大匙

* 自己做烤肉酱的话，可以用
2 小匙酱油、2 小匙苹果汁、
1 小匙砂糖和少许捣碎的大
蒜，搅拌均匀即可。

●制作方法

①乌冬面用热水煮散，煮好的面条过凉水，沥干水分，装盘。
②洋葱切薄片，在水中清洗一下，沥干水分，番茄切成 2cm 小块。
③加热平底锅，用中火翻炒牛肉片，待肉稍微炒透之后，浇上烤肉酱汁。
④在煮好的面条上添加生菜、②中处理好的食材、③中做好的烤肉，挤上蛋黄酱，浇上混合好的汤
汁即可。加入适量冰块，使面条充分冷却，吃起来更美味。

青辣椒乌冬面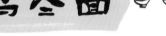

当青辣椒被摆在蔬菜店门口时一定要购买一些，趁新鲜将其切成圆环形，放入罐子里，用酱油腌渍。将腌渍好的辣椒放到做好的面条上，能够充分凸显出面粉的香味，使乌冬面的美味更令人难以忘怀。乌冬面的爽滑口感十分重要，一定要用刚煮好的面条制作。

●食材（1人份）

乌冬面（干面）……　1把（100g）
油渍青辣椒（制作方法请参照p.14）
　………………………………　适量
干鲣鱼片………………………　适量
□橄榄油

●制作方法

①用热水煮乌冬面，煮好后过凉水，沥干水分，直接装盘。此外，还可以用热水稍微烫一下面条。
②在煮好的面条上添加油渍青辣椒、2小匙橄榄油、干鲣鱼片，将各种食材混合到一起。结合个人口味，添加适量醋也很美味。

溏心鸡蛋乌冬面

用溏心鸡蛋的浓稠蛋黄制作的美味乌冬面。为了充分凸显蛋黄的美味，还可以浇上适量的浓稠汤汁。裹上浓稠汤汁的油渣，也让乌冬面变得更加美味。

●食材（1人份）

乌冬面（干面）……　1把（100g）
鸡蛋………………………………1个
油渣……………………………2大匙
细香葱（切葱花）………………2根
白芝麻…………………………1小匙
生姜（磨碎）…………………1小匙

◎汤汁
市售面用调味汁（3倍浓缩）
　……………………………………1大匙
水…………………………………3大匙
□食盐

●制作方法

①用工具在鸡蛋较圆的一头敲开一个小洞，加入少许食盐，将鸡蛋置于热水中煮6分钟左右。将煮好的鸡蛋置于凉水中静置一会儿，去壳。
②用热水煮乌冬面，煮好后过凉水，沥干水分，装盘。
③将油渣、细香葱、白芝麻撒在②中煮好的面条上，放上切成两半的①中鸡蛋、生姜末，浇上搅拌好的汤汁即可。

● 制作方法

准备好喜欢的食材和干鲣鱼片。将锅里的热水煮沸，加入乌冬面，面煮得稍硬一些，煮好后连锅一起端到饭桌上。

碗里加入喜欢的配料，加入适量干鲣鱼片和 1 大匙酱油。

再加入 3 大匙乌冬面的煮面汤汁，蘸汁就做好了。

用筷子捞起煮好的热乌冬面，蘸着蘸汁食用。还可以将酸橘汁直接挤到蘸汁里。

当蘸汁的味道变淡时，可以适量添加酱油和其余配料，用煮面汤汁调整蘸汁浓度。

起锅汤面

在我的老家，这种面条被称为"锅边面"，名称的由来大概是将煮面锅直接端上桌，从锅里夹取面条到自己的碗里食用。这种面条不需要特意制作汤汁，直接利用煮面汤汁里的盐分调味。根据个人口味，可以适量添加酱油以及各种喜欢的食材。炎炎夏日，选用稍细的乌冬面制作，大汗淋漓地吃上一顿，身心俱爽。

● 食材（1 人份）

乌冬面（干面）………… 1 把（100g）*
茗荷（切薄片）…………………… 1 个
酸橘（切成 4 等份）………… 1 个
细香葱（切葱花）、生姜（磨碎）
……………………………… 各适量
干鲣鱼片…………………………… 适量
□酱油
* 一定要用干面制作此款汤面。

亚洲风榨菜乌冬面

这是一款亚洲风蘸汁乌冬面。面条冷热均可，蘸汁热的时候较为美味。汤汁制作的诀窍是要适量添加五香粉。没有五香粉亦可，但是添加之后味道更具亚洲风味。

●食材（1 人份）

乌冬面（干面）········· 1 把（100g）	生姜（磨碎）··········· 1 小匙
市售叉烧肉（切薄片）·········· 3 片	大蒜（磨碎）········· 1/2 小匙
调味榨菜（罐装）·· 约 1/3 罐（30g）	鸡精··········· 1 小匙
香菜··········· 适量	热水··········· 1/2 杯
◎蘸汁	酱油··········· 1 大匙
大葱（切碎）··········· 1 大匙	五香粉、芝麻油······ 各少许

●制作方法

①将叉烧肉切成细丝，香菜略微切碎。
②用热水煮乌冬面，煮好后过凉水，沥干水分，装盘。放上①中切好的食材和榨菜，搅拌好蘸汁，用面条蘸取蘸汁食用。

牛蒡天妇罗乌冬面

在熊本的乌冬面店点上一份牛蒡乌冬面，这样一份添加薄片状牛蒡天妇罗的乌冬面就会呈现在你的面前。而在东京，这款乌冬面里添加的是切成细丝的油炸什锦牛蒡，味道鲜香，同样美味。这是一款以牛蒡为主角的乌冬面。

●食材（1人份）

乌冬面（干面）………… 1把（100g）
牛蒡（斜切薄片）……………………5片
尖椒………………………………1个
天妇罗面衣
│市售天妇罗面粉………………1大匙
│水……………………………2小匙
细香葱（切葱花）、白芝麻碎……各适量
◎汤汁
乌冬面汤汤宝（粉末）………1袋（8g）
水………………………………2杯
食盐…………………………少许
□炸制用油

●制作方法

①将制作天妇罗面衣的各种食材混合到一起，将做好的面糊裹到牛蒡和用牙签插出2个气孔的尖椒上，裹好面衣的食材置于中温（170℃）的油锅里炸至酥脆。
②将乌冬面用热水煮至稍微发硬，煮好后过凉水，沥干水分备用。
③将制作汤汁的各种食材置于锅中煮沸，加入②中煮好的面条，稍微热一下，将锅中全部食材装盘。摆上①中做好的天妇罗、细香葱和芝麻碎即可。

海带乌冬面

制作方法简单却带有较为浓厚的味道。选用海带薄片和干鲣鱼片打造出更加浓郁的风味，使料理的味道更具层次感。

●食材（1人份）

乌冬面（干面）

············ 1把（100g）

海带薄片············ 1小撮

梅干··················· 1个

干鲣鱼片、细香葱（切葱花）

··················· 各适量

◎汤汁

乌冬面汤汤宝（粉末）

··················· 1袋（8g）

水··················· 2杯

食盐··················· 少许

●制作方法

①将乌冬面用热水煮成稍硬状，煮好后过凉水。沥干水分备用。

②将制作汤汁用的全部食材倒入锅里煮沸，倒入①中煮好的面条，待面条变热，带汤汁一起装盘。在面条上放置海带薄片、梅干、干鲣鱼片、细香葱即可。

鸡蛋糊乌冬面

蛋糊不容易变凉，因此在寒冷的季节也能够温暖地享用。多加入些生姜，让身体温暖起来。豆腐和鸡蛋对胃很好，感冒伤寒的时候也可以享用。

●食材（1人份）

乌冬面（干面）··· 1把（100g）

嫩豆腐··················· 1/4块

鸡蛋··················· 1个

细香葱（切小块）······· 2根

生姜（磨碎）······· 1小匙

◎面汤

乌冬面汤汤宝（粉末）

··················· 1袋（8g）

水··················· 2杯

食盐··················· 少许

A 淀粉··················· 2小匙

水··················· 1大匙

●制作方法

①将乌冬面用热水煮成稍硬状，煮好后过凉水。沥干水分备用。

②将豆腐切成4cm长的短条状。

③将制作汤汁用的全部食材加到锅里煮沸，加入混合好的A中食材，增加汤汁的浓稠度，再次煮沸，慢慢倒入搅拌好的蛋液，待鸡蛋熟透，加入①和②，继续加热。煮好后将锅中食材带汁倒入容器里，撒上细香葱、生姜即可。

牛肉蛋黄萝卜泥乌冬面

将萝卜泥与蛋黄混合到一起，制成蛋黄萝卜泥。不仅看起来十分美观，温和又美味的萝卜搭配甜辣可口的炒牛肉也非常适口。根据喜好，可以在蛋黄萝卜泥上浇适量橙汁酱油，这样做出的面条味道会更加清爽。

●食材（1人份）

乌冬面（干面）……… 1把（100g）
牛肉薄片……………………… 100g
大葱（斜切薄片）………… 1/2 根
萝卜泥…………………………… 1杯
蛋黄……………………………… 1个
□色拉油、酱油、砂糖、七味粉

●制作方法

①将萝卜泥稍微沥干水分，与蛋黄混合到一起。
②在平底锅里加入2小匙色拉油加热，加入切好的大葱，用中火翻炒。炒至大葱变软，加入牛肉继续翻炒，炒至牛肉熟透，加入1大匙酱油、1/2 大匙砂糖搅拌均匀。
③将乌冬面用热水煮得稍微硬些，煮好后过凉水，再次放回热水里稍微热一下，直接装盘。趁热放上①、②中的各种食材，撒上七味粉，搅拌均匀后食用。

味噌砂锅面

将信州味噌与八丁味噌混合到一起，制作出味道浓郁的酱汁。不仅可以与宽面搭配，与普通乌冬面搭配也十分美味。

●食材（1人份）

宽面（干面）……… 1把（100g）
鸡大腿肉…………………… 1/4 片
寿司豆腐皮………………… 1/4 片
鸡蛋……………………………… 1个
市售炸虾………………………… 1个
细香葱（切葱花）…………… 适量

◎汤汁
市售面用调味汁（3倍浓缩）
………………………………… 1大匙
水……………………………… 2杯
味噌………………………… 1/2 大匙
八丁味噌（没有时直接用味噌）
………………………………… 1/2 大匙

●制作方法

①将宽面用热水煮得稍微硬些，煮好后过凉水，沥干水分备用。
②将鸡肉切成一口大小，寿司豆腐皮切成2cm见方的小块。
③将②中切好的食材和适量水加到砂锅里，加热，边煮边撇干净表面的浮油，用中火煮5分钟左右。
④加入面用调味汁稀释味噌，加入①中煮好的面条，在中央打入一个鸡蛋，加热至喜欢的程度。放上炸虾和细香葱即可。

大阪风焖菜乌冬面

虽然称之为焖菜，但既不是奶油味，也不是蔬菜肉酱味。以前，我曾在大阪城通天阁下面的一家店里吃过"大阪风焖菜"。据说这种料理可以上溯到战后时期，那时候物资匮乏、食物稀缺，为了能够果腹，人们就创造出这种食物，但这一说法并没有确凿的证据。不管怎样，这是一款不可思议又令人怀念的乌冬面。

● 食材（1人份）

乌冬面（干面）⋯⋯⋯ 2把（200g）
鸡大腿肉⋯⋯⋯⋯⋯⋯⋯⋯⋯ 1/2 片
土豆⋯⋯⋯⋯⋯⋯⋯⋯⋯⋯⋯⋯ 1 个
洋葱⋯⋯⋯⋯⋯⋯⋯⋯⋯⋯ 1/2 小个
胡萝卜⋯⋯⋯⋯⋯⋯⋯⋯⋯⋯ 1/3 个
豆苗（去根）⋯⋯⋯⋯⋯⋯⋯ 适量

◎ 汤汁
固态汤宝⋯⋯⋯⋯⋯⋯⋯⋯⋯⋯ 1 个
和风鲜汁汤宝⋯⋯⋯⋯⋯⋯ 1/3 小匙
水⋯⋯⋯⋯⋯⋯⋯⋯⋯⋯⋯⋯ 4 杯
□ 食盐、粗碾黑胡椒

● 制作方法

① 将鸡肉切成 3cm 见方的块，土豆去皮后切成 3cm 见方的块，洋葱切成 1cm 宽半月形，胡萝卜去皮后切成 5mm 厚半月形。

② 将 ① 中切好的食材和制作汤汁的食材全部放入锅里煮。煮的过程中要不断撇除浮沫，用文火煮 10 分钟左右即可。待锅里食材变软，加入 2/3 小匙食盐、少许粗碾黑胡椒调味。

③ 将乌冬面置于热水中煮得稍微硬些，煮好后用凉水冲洗，沥干水分，加到 ② 中热一下。将锅里的食材带汤一起装盘，放上豆苗，撒上适量粗碾黑胡椒即可。

豆浆生姜乌冬面

一款融入豆浆醇香以及生姜风味的乌冬面。加入猪肉、白菜后制成火锅，
美味令人无法想象。豆浆过度加热容易分离，看起来不美观，但味道依旧，
请放心享用。

●食材（1人份）

乌冬面（冷冻）·······························1团
京水菜······································1棵
莼菜（可选）·······························2大匙
◎汤汁
A ┌ 乌冬面汤汤宝（粉末）·············1袋（8g）
  │ 水·······································1杯
  └ 生姜（磨碎）·························1小匙
豆浆（原味）·······························1杯

●制作方法

①将京水菜放入热水里焯一下，用焯京水菜的热水煮乌冬面，
煮好后沥干水分，装盘。京水菜沥干水分，切成4cm长段。
②将A中全部食材加入锅里煮沸，加入豆浆煮一会儿。做
好的汤汁直接浇到乌冬面上，放上①中煮好的京水菜和莼
菜即可。

牛奶咖喱乌冬面

这款乌冬面选用我最爱的猪肉制作，您也可以选用鸡肉和寿司豆腐皮。由于加入了大量牛奶，即使不能吃辣的人也完全可以接受。美味的大葱以及黏稠的口感都令人欲罢不能。如果想增加配菜用量，可适量添加香菇和胡萝卜。

●食材（1人份）

乌冬面（干面）…… 1把（100g）
猪肉薄片……………………… 2片
大葱…………………………… 1/2根

◎汤汁
市售面用调味汁（3倍浓缩）
………………………………… 2大匙
水……………………………… 1½杯
市售咖喱块…………1块（15g）
牛奶………………………… 1/2杯

●制作方法

①将乌冬面用热水煮得稍微硬些，过凉水，沥干水分备用。
②将猪肉切成3cm宽条，大葱先纵向切4等份，再横向切成4cm长段。
③将②中准备好的食材、1½杯水加入锅里，用中火煮4分钟，加入面用调味汁化开咖喱。加入牛奶和①中食材，稍微煮一段时间即可。

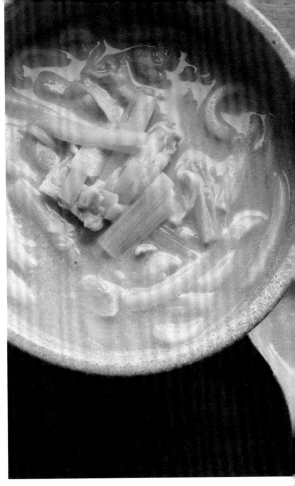

小狐狸汤面

刚出锅的宽面最美味。在外面也曾吃到过十分美味的宽面，但仅限于人流量很大的店铺。我很喜欢新干线站台附近卖的宽面。有位好友告诉我"丰桥站的宽面特别棒"，我有时会专门乘坐回声号去那里吃面。那里的宽面酱油味十分浓郁，可能选用的是大豆酱油吧！而且种类丰富，赋予了宽面独特的魅力。

●食材（1人份）

宽面（干面）……… 1把（100g）
市售调味寿司豆腐皮……… 1/2片*
干鲣鱼片、细香葱（切葱花）
………………………………… 各适量

◎汤汁
乌冬面汤汤宝（粉末）
………………………………… 1袋（8g）
水……………………………… 2杯
食盐………………………… 少许

* 亲手制作的时候，将2片寿司豆腐皮从中间切开，用热水煮5分钟，沥干水分后分别加入2大匙清酒和砂糖、1大匙酱油、1杯水，盖上锅盖，用文火煮至剩余少量汤汁即可。将煮好的豆腐皮切成三角形，取1/2片使用。

●制作方法

①将制作汤汁用的食材全部放入锅里加热，略微煮沸后放置备用。
②将宽面用热水煮得稍微硬些，煮好后用凉水冲洗，再用热水过一下，直接装盘。趁热浇上①中做好的汤汁，放上豆腐皮、干鲣鱼片和细香葱即可。

2款肉酱乌冬面 🍜🍜🍜

在一位台湾老爷爷开的店里，总会看到这样一款肉酱摆在桌上，不管加到什么料理中都十分美味，是一款不可思议的肉酱。我一边回忆那难忘的味道，一边尝试着自己做。肉酱里因为加入了中国特有的混合香料——五香粉，所以呈现出较为特别的味道。

台湾风味肉酱乌冬面

肉酱的制作方法

● 食材（容易制作的分量）
猪肉馅 ························ 100g
生姜（切碎）········· 2大匙
大蒜（切碎）··········· 1瓣
A │ 味噌 ··············· 4大匙
│ 八丁味噌（没有时直接用
│ 味噌）··············· 1大匙
│ 清酒 ··············· 2大匙
│ 豆瓣酱、砂糖 ··· 各1小匙
五香粉（可选）····· 1/4小匙
□ 芝麻油

① 将1大匙芝麻油加到平底锅里加热，加入切好的生姜和大蒜，用中火翻炒。炒出香味之后，加入猪肉馅翻炒。
② 待肉馅翻炒至焦香酥脆时，加入A中的全部食材，整体炒均。加入适量五香粉混合均匀即可。

台湾风味乌冬面

●食材（1人份）
乌冬面（干面）………1把（100g）
肉酱（参照上一页）…………2大匙
大葱（切碎）………………2大匙
□芝麻油、粗碾黑胡椒

●制作方法
①将乌冬面用热水煮得稍微硬些，煮好后过凉水，再次放到热水里过一下，装盘。
②趁热向①中煮好的乌冬面上添加适量肉酱和大葱，倒入少许芝麻油，撒上粗碾黑胡椒，搅拌均匀即可。

●食材（1人份）
细乌冬面（干面）……1把（100g）
豆芽………………………1/4袋
韭菜………………………2~4根
木耳（干燥）……………1小撮
肉酱（参照上一页）………2大匙
◎汤汁
鸡精………………………1½小匙
水…………………………2杯
酱油………………………1小匙
食盐………………………1/3小匙
胡椒粉……………………少许

●制作方法
①豆芽去根，韭菜切成5cm长段，木耳置于水中泡发，泡好后切细丝备用。
②将乌冬面用热水煮得稍微硬些，煮好后过凉水，沥干水分备用。
③将制作汤汁用的食材加到锅里煮沸，加入①、②中的食材再煮一会儿。煮好后带汤汁装盘，放上肉酱即可。

泰国风味酱汁乌冬面

在泰国，人们经常食用鱼肉加工制品。在曼谷的一家泰餐店看菜单时，惊讶地发现有很多类似日本关东煮的食材。街边小摊卖的汤面里也会加入小丸子，很受大家欢迎。在异国他乡，看到与日本料理如此相似的美食，让我欣喜若狂！

●食材（1人份）
细乌冬面（干面）………1把（100g）
炸鱼肉饼……………………1块
豆芽…………………………1/4袋
柿子椒（红色）……………1/4个
香菜…………………………适量
◎汤汁
鸡精………………………1½小匙
水…………………………2杯
鱼露、食盐………………各1/3小匙
□粗碾黑胡椒

●制作方法
①炸鱼肉饼斜向切成5mm宽的薄片，豆芽去根。柿子椒去蒂去籽，切成细丝。
②将乌冬面用热水煮得稍微硬些，煮好后过凉水，沥干水分备用。
③将制作汤汁用的各种食材加到锅里煮沸。加入②中煮好的乌冬面和豆芽，稍微煮一段时间。煮好后带汤汁一起装盘，放上炸鱼肉饼、柿子椒和切碎的香菜，撒上适量粗碾黑胡椒。根据个人喜好还可以浇上适量柠檬汁。

泰国小吃风炒宽面

我曾经乘坐夜行卧铺车从曼谷到清迈旅行。在车站的小卖店里点餐，店员会在铁板上将大米制成的扁平面条快速翻炒一下，制成车站便当。如果用宽面制作这款炒面会不会也同样美味呢？抱着试试看的心态，我尝试用鱼露做了一次。跟鱼酱油相比，鱼露不会有很怪的味道，我还尝试加入了芹菜叶，如果有香菜也可以适量添加，这样做出来的炒面会更接近泰国料理的风味。

●食材（1人份）

宽面（干面）……………………1把（100g）
薄猪肉片………………………… 2片
芹菜………………………………1/2根
大葱………………………………10cm
柿子椒（红色）……………………1/4个
大蒜（切薄片）……………………1/2瓣
鸡蛋………………………………1个
盐汁鱼露（或者鱼酱油）……… 1小匙
芹菜叶、柠檬…………………… 各适量
□芝麻油、食盐、胡椒粉

●制作方法

①用热水煮宽面，煮好后过凉水，沥干水分备用。
②将猪肉和柿子椒切细丝，芹菜和大葱斜向切薄片备用。
③向平底锅里加入2大匙芝麻油加热，用中火翻炒猪肉，炒熟后加入②中剩余的食材、大蒜，炒至食材变软，将炒好的食材挪到锅的一边，倒入搅拌开的蛋液。
④加入①中煮好的面条，分别加入少许盐汁鱼露、食盐和胡椒粉翻炒。放上切成大块的芹菜叶，摆上柠檬装饰即可。

酱油炒乌冬面

在制作炒乌冬面的时候，总会有做成酱油味还是酱汁味的犹豫。
这次做的是酱油风味炒面。味道较为清淡，食材则选用了冬葱
和寿司豆腐皮。如果将炒制用油换成黄油，可以做出完全不同
的美味。用大葱代替冬葱时，要用文火翻炒出葱的甜味，无论
哪种方式做出来的炒乌冬面都十分美味。

●食材（1人份）

乌冬面（干面）·········1把（100g）
冬葱·························2根
寿司豆腐皮··················1/2片
香菇··························2朵
淡口酱油·····················2小匙
干鲣鱼片······················适量
□色拉油

●制作方法

①用热水煮乌冬面，煮好后过凉水，沥干水分备用。
②将冬葱斜着切成2cm宽段，寿司豆腐皮用热水煮一会儿，切成短条状，
香菇去掉菌根，切薄片备用。
③向平底锅里加入2大匙色拉油加热，加入②中准备好的食材用中火翻
炒，炒至食材变软，加入①中煮好的乌冬面，翻炒几下，加入适量的淡
口酱油，搅拌均匀。装盘，放上干鲣鱼片即可。

酱汁炒乌冬面

面粉与酱汁的奇妙诱惑。只要闻到酱汁的浓郁味道，便
会胃口大开！这款酱汁建议煮好之后放置一会儿再食用，
风味和口感都会不一样。因为面团很容易粘连到一起，
建议添加适量清酒，这样做出的酱汁也不会太水。

●食材（1人份）

乌冬面（干面）·········1把（100g）
圆白菜·························1片
青椒··························1个
洋葱·························1/4个
杏鲍菇·························1个
维也纳香肠·····················1根
炒面酱汁·····················1½大匙
青海苔·························适量
□色拉油

●制作方法

①用热水煮乌冬面，煮好后过凉水，沥干水分后放置20分钟左右。
②将圆白菜切成4cm见方的块状，青椒去蒂去籽之后纵向切成1cm宽的
条状，洋葱切成1cm宽的半月形，杏鲍菇先横向切两半，再纵向切薄片，
维也纳香肠斜向切薄片。
③向平底锅里加入1大匙色拉油加热，用中火炒②中处理好的食材4~5
分钟，将蔬菜里的水分充分炒出来。将①中的面条搅拌开放入锅中翻炒（如
果很难搅拌开，可以添加2大匙清酒），加入炒荞麦面酱汁，搅拌均匀。
装盘，撒上青海苔即可。

南瓜酱汁 面团汤

🥣 🥣 🥣

人们常说"食之美味，南瓜馎饦"，馎饦是日本山梨县的地方料理。将扁平的宽面条直接煮好，就可以感受馎饦的美味。这次想尝试用面团制作出同样的美味。煮到南瓜完全软烂，慢慢渗入到煮汁里就可以美美享用了。

● 食材（2 人份）

面团

面粉	1 杯
食盐	1 小撮
水	150mL
鸡大腿肉	1/2 块
南瓜	1 块 3cm 厚（100g）
鲜香菇	2 朵
大葱	1/2 根

◎ 汤汁

市售面用调味汁（3 倍浓缩）	2 大匙
高汤（鲣鱼）	4 杯
味噌	2 大匙

● 制作方法

①将鸡肉切成 1cm 见方的小块，南瓜切成 1cm 厚一口大小，香菇去菌根后切薄片，大葱切成 1cm 宽小段。

②将①中切好的食材、高汤加到锅里煮，用中火煮 7~8 分钟，煮至各种食材变软，煮的过程中要不断撇除浮油。煮好后加入面用调味汁，化开味噌。

③将制作面团的各种食材混合均匀，待②中食材煮好之后，用大的汤匙舀起面糊加入②中，煮至面团浮起来即可。

将制作面团的面粉与食盐混合，一点点加入清水，将面粉搅拌到一起。

搅拌至图中的黏稠程度即可，这样就完成面糊的制作了。

待锅中汤汁煮好之后，用大汤匙将面糊分散着舀入锅里，煮成面团即可。

牛肉水芹面团汤

拍照的时候，试吃这一款料理的工作人员说："可能在中亚的某个国家就有这样的料理。"说着就将整个盘子里的食物一扫而光。可以说这是一款美味到无以复加的料理。

●食材（2 人份）

面团汤（参照上一页）
牛肉薄片······················ 150g
A | 洋葱（切薄片）············· 1/2 个
  | 大蒜（切碎）··············· 2 瓣
B | 水芹（切成 3cm 长段）··· 2 把
  | 番茄（切大块）·············· 1 小个

帕尔马干酪（磨碎）··········· 3 大匙
◎面汤
固态汤宝······················ 1 个
水···························· 5 杯
□橄榄油、食盐、胡椒粉

●制作方法

①牛肉切成 4cm 长条。

②向锅里加入 2 大匙橄榄油加热，加入 A 中食材，用文火翻炒 5 分钟。加入切好的牛肉后继续翻炒，炒至牛肉变色，加入制作面汤的食材煮 10 分钟。

③加入 B 中食材、1/2 小匙食盐、少许胡椒粉煮沸，将制作面团的食材搅拌均匀，用大汤匙将面糊一点点加入锅里，待面团慢慢浮起来，加入帕尔马干酪即可。

意大利面团汤

番茄汁是提鲜的法宝。大量加入培根、香肠和煮过的大豆也很好吃。

●食材（2 人份）

面团（参照上一页）
A | 圆白菜（切成 1cm 小块）······ 1 片
  | 洋葱（切成 1cm 小块）······ 1/4 个
  | 胡萝卜（切成 1cm 小块）··· 1/3 个
  | 培根（切成 1cm 宽小片）··· 2 片
帕尔马干酪（磨碎）、芹菜（切碎）
···························· 各适量

◎面汤
B | 固态汤宝 ······················ 1 个
  | 水 ···························· 4 杯
番茄汁（不添加食盐）··········· 1 杯
□黄油、食盐、胡椒粉

●制作方法

①向锅里加入 1 大匙黄油，待黄油化开之后，加入 A 中食材，用文火翻炒，加入 B 中食材煮 7~8 分钟。

②加入番茄汁煮沸，将制作面团的各种食材混合到一起，用大汤匙将面糊一点点加到锅里，待面团漂浮起来，加入 1/2 小匙食盐和少许胡椒粉调味。最后撒上适量帕尔马干酪和芹菜即可。

面的煮法

（意大利面／中华面）

● 意大利面（干面）

煮 100g（1 人份）面条时，向锅里加入 2L 热水煮沸。加入 1 大匙多一点的食盐（20g＝热水量的 1%）。

将意大利面放入锅里，用筷子搅拌开，使面条沉入水里。

保持锅里的水一直处于沸腾状态，但不要溢锅。如果用滚开的水，煮出的意大利面表面容易变粗糙。

煮面时间以包装袋上标示的时间为标准，可结合个人口味适当调整。如果想要制作冷面，可以比标示时间多煮 2 分钟，将面条充分煮软。用笊篱捞出面条，沥干热水。

在用笊篱捞出面条之前，提前取出 1/2 杯的面汤备用，可以用于将意面充分泡开，制作酱汁等。

上下晃动笊篱，充分沥干水分。

● 中华面（鲜面／干面）

煮 1 团面条，一般会选用直径 21cm 的锅。向锅里多加些热水，待水沸腾之后，加入抖散的新鲜面条。选用干面的时候可直接加入。

用筷子搅拌，调小火以防溢锅，同时保持沸腾的状态，火候的把握很重要。

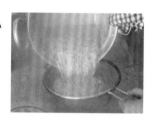

煮面时间以包装袋上标示的时间为标准，可结合个人口味适当调整。如果想要制作冷面，面条可以煮得稍微软一些。煮好后用笊篱捞出面条，沥干热水。

上下晃动笊篱，充分沥干水分。

◎过凉水后食用→沥干面条里的热水，将面条置于流水下清洗，沥干水分备用。
◎趁热食用→沥干水分直接食用。

意大利面

从地道的传统意大利面，到源自日本的、令人难忘的独特风味意大利面，再到最近才公开做法的新潮意大利面，本章介绍了多款简单又美味的意大利面。想要做出较为美味的意大利面，诀窍是在煮面的时候加盐。盐可以说是决定味道的制胜法宝。用盐煮出的意大利面十分爽滑、可口。

* 意大利面的煮法→ p.48

生番茄凉意大利面 ᵔᵔᵔ

一定要选用味道较为浓郁的小番茄制作这款意大利面。加入食盐，等待一会儿
让番茄里的水分溢出。从番茄里溢出的水分正好可以作为十分美味的面条酱汁。
大蒜一定要加热之后使用，这样既有大蒜的香味，也不会有辣味。

●食材（1人份）

意大利面……………………… 80g
小番茄………………………… 10 个
大蒜（切碎）………………… 2 瓣
A │ 罗勒叶（切碎）………… 4 片
  │ 洋葱（切碎）…………… 1/4 个
  │ 食盐……………………… 1/3 小匙
  │ 胡椒粉…………………… 少许
□橄榄油、食盐

●制作方法

①将小番茄去蒂后纵向切成 4 等份，切好后放入碗里，加入 A 中食
材搅拌一下。

②向平底锅里加入 2 大匙橄榄油，加入切碎的大蒜用文火翻炒。炒
至大蒜略微上色，关火，待大蒜油冷却之后，加入①中，放置 5 分
钟左右。

③将意大利面加到添加适量食盐的热水里煮，煮面时间要比标示时
间长约 2 分钟，煮好后将面条捞出用凉水冲洗一下，沥干水分，加
入②中做好的酱汁，搅拌均匀即可。

罗勒酱意大利面

在罗勒叶大量上市的时候多买一些，将叶片放入研磨钵里稍微研磨几下，与适量食盐、橄榄油一起倒入罐子里，冷藏可以保存很长时间。放入冰箱冷藏时，油脂会凝固，但置于室温中就会化开，可正常食用。加入奶酪的话，使用前搅拌均匀，味道会更加香醇。可用其制作沙拉，也可与煮好的肉块一起制作三明治等，食用方法多种多样。制作比例一般为1杯罗勒叶、1杯橄榄油对应1小匙食盐。

●食材（1人份）

意大利面	100g
罗勒叶（可选）	少许

◎罗勒酱

罗勒叶	8片
松子	2大匙
帕尔马干酪（磨碎）	2大匙
大蒜（切碎）	1/2瓣
胡椒粉	少许

□橄榄油、食盐

●制作方法

①向平底锅里加入2大匙橄榄油和切碎的大蒜，用文火加热，待大蒜略微上色，关火，冷却备用。

②将①中做好的大蒜（带油）、其他制作罗勒酱的食材一起倒入搅拌机中，搅拌至食材变光滑（如果没有搅拌机，可以将食材倒入研磨钵里磨碎）。

③将意大利面放入加有食盐的热水中煮，煮好后将面条捞出，沥干水分，放入碗中，加入②中做好的酱汁，搅拌均匀。装盘，添加罗勒叶装饰即可。

鳕鱼子干酪意大利面

柠檬汁的加入能够去除鳕鱼子的腥味，让口感更加清爽。如果鳕鱼子有剩余，可以去皮后用等量的黄油炒一下，冷藏或者冷冻保存。只需稍加搅拌，随时都可以享用到的鳕鱼子意面。将鳕鱼子放入刚煮好的土豆里也十分美味。

●食材（1人份）

意大利面……………………… 100g
鳕鱼子（去薄皮）………………… 3大匙
乡村干酪……………………… 3大匙
柠檬汁……………………… 1/2小匙
烤海苔……………………… 1/2片
绿紫苏（切细丝）………………… 4片
□胡椒粉、黄油、食盐

●制作方法

①将鳕鱼子、乡村干酪、柠檬汁和少许胡椒粉、1大匙化开的黄油混合备用。
②将意大利面置于添加适量食盐的热水中煮，煮好后沥干水分，趁热放回锅里。加入①中食材迅速搅拌均匀，装盘。将烤海苔用手揉开，撒在意面上，最后放上切好的绿紫苏即可。

葱香意大利面

无论是面粉做成的面条，还是米粉做成的面条，或是荞麦粉做成的面条，不管什么种类的面条都适合与葱搭配。抱着试试看的想法，将葱与意大利面混合，果然很美味！用生火腿装饰，咸香味美。

●食材（1人份）

意大利面……………………… 100g
细香葱……………………… 10根
生火腿……………………… 2~3片
柠檬汁……………………… 1小匙
□食盐、橄榄油、酱油、胡椒粉

●制作方法

①将意大利面置于添加适量食盐的热水中煮好。
②向平底锅里加入2大匙橄榄油，待油热之后，加入斜向切成2cm宽的细香葱，用文火稍微翻炒一下，加入①中沥干水分的意大利面翻炒，加入1小匙酱油、柠檬汁和少许胡椒粉搅拌均匀。
③装盘，放上生火腿。还可以根据喜好添加适量帕尔马干酪。

金枪鱼京水菜意大利面 ♡♡

这款意大利面中加入了深受大家喜爱的金枪鱼沙拉。颗粒芥末酱会让人觉得味道有些成熟，但其实并不辣，小孩吃也没问题。如果不喜欢颗粒芥末酱，不添加亦可。

水芹小沙丁鱼意大利面 ♡♡

清香的水芹能凸显出红辣椒的辣味。搭配事先炒香的小沙丁鱼，味道更佳。水芹稍微带有一点苦味，但这样更能凸显出这款意面的特别。

●食材（1人份）

意大利面	100g
金枪鱼罐头（沥干汤汁）	1小罐（80g）
京水菜	1棵
洋葱	1/4个
蛋黄酱、颗粒芥末酱	各1大匙

□食盐、橄榄油、胡椒粉

●制作方法

①将京水菜切成5cm长段，洋葱切薄片备用。
②将意大利面放入添加适量食盐的热水里煮，快要煮好时加入京水菜一起煮一会儿，煮好后沥干水分备用。
③将1大匙橄榄油加到平底锅里加热，加入切好的洋葱用中火翻炒，加入金枪鱼继续翻炒几下。关火，加入适量蛋黄酱、颗粒芥末酱、少许胡椒粉，搅拌均匀。放入②中煮好的意面上，搅拌均匀就可以享用了。

●食材（1人份）

意大利面	100g
水芹	1/2把
小沙丁鱼	6大匙
A 大蒜（切碎）	2瓣
红辣椒（切碎）	少许

□食盐、橄榄油、胡椒粉

●制作方法

①将意大利面放入添加适量食盐的热水中煮好，取出2大匙煮面汤汁备用。
②向平底锅里添加2大匙橄榄油，加入A中食材用中火炒香，加入去根后切成1cm宽的水芹翻炒，炒至水芹变软，加入小沙丁鱼翻炒至酥脆。
③加入①中沥干水分的意大利面、适量的煮面汤汁继续翻炒，加入少许食盐、胡椒粉调味，搅拌均匀后装盘。如果喜欢还可以添加1小匙酱油。

辣味意大利面 🍜

煮面的时候严格按照比例添加食盐，炒大蒜的时候要注意火候，不要
将大蒜炒煳。只要严格遵守这两条，做出的意大利面一般不会差到哪
里去。这款意大利面与素意大利面（参照 p.10）一样，都是最基本的
意大利面。

●食材（1 人份）

意大利面·················· 100g
A | 大蒜（切碎）········· 2 瓣
　 | 红辣椒（切小圈）··· 少许
欧芹（切碎）·············· 适量
□食盐、橄榄油、胡椒粉

●制作方法

①将意大利面放入添加适量食盐的热水中煮好，取出 2 大匙煮面汤汁备用。
②向平底锅里加入 2 大匙橄榄油，加入 A 中食材用文火翻炒，炒出香味即
可（要注意火候的把握，防止将大蒜炒煳）。
③加入①中沥干水分的意大利面、适量煮面汤汁，翻炒均匀，加入少许食
盐和胡椒粉调味。装盘，撒上欧芹即可。

盐汁鱼露辣味意大利面

盐汁鱼露（参照 p.19）由鱼肉发酵而成，与料理中加入鳀鱼肉的效果一样，都可以很大程度上提升鲜美度。此外，盐汁鱼露还经常被用于炒菜和火锅料理，可谓料理提味的法宝，保质期也很长，推荐尝试。

●食材（1人份）

意大利面·········· 100g	A ┌ 大蒜（切薄片）·········· 1 瓣
鸡胸肉·········· 1 块	└ 红辣椒（切小圈）·········· 少许
小松菜（切成5cm长）·········· 2 棵	柚子胡椒·········· 少许
盐汁鱼露（或者鱼露）·········· 1 小匙	□食盐、橄榄油

●制作方法

①将意大利面放入添加适量食盐的热水里煮好，将鸡胸肉置于煮面汤汁里煮2分钟左右，取出鸡胸肉用手撕碎备用。在面条煮好前2分钟加入小松菜，与面条一起煮好，取出2大匙煮面汤汁备用。

②向平底锅里加入2大匙橄榄油、A中食材，用文火翻炒，炒出香味即可。

③加入①中煮好的食材、2大匙煮面汤汁、盐汁鱼露翻炒几下，装盘，加入适量柚子胡椒即可。

蒜香花蛤意大利面

春天的花蛤最为美味。现在虽然一年四季都可以买到花蛤，但如果不在最肥美的季节享用，会不会有些遗憾呢！这款意大利面中还加入了大量胡萝卜，合理控制了热量的摄入。

●食材（1人份）

意大利面·········· 70g	A ┌ 大蒜（切碎）·········· 2 瓣
胡萝卜·········· 1/2 大根	├ 红辣椒（切小圈）·········· 少许
花蛤·········· 1/2 袋（100g）	罗勒叶（可选、撕碎）·········· 少许
白葡萄酒·········· 1 大匙	□食盐、橄榄油

●制作方法

①将花蛤置于盐水中吐沙，吐好沙后相互搓洗干净。将胡萝卜切成较长的细丝。

②将意大利面置于添加适量食盐的热水中煮，煮好前3分钟加入切好的胡萝卜，与面条一起煮。

③向平底锅里加入2大匙橄榄油加热，加入A中食材，用文火翻炒出香味，加入花蛤、白葡萄酒，加锅盖煮一会儿，待花蛤全部开口，加入②中沥干水分的食材翻炒。装盘，撒上罗勒叶即可。

番茄奶油意大利面

只加入番茄沙司的话不足以制作出浓郁的味道和丰富的口感，但是制作方法却异常简单。用黄油翻炒与鲜奶油味道相合的口蘑，多加一些到面条里，还可以添加培根和茄子，用多种食材打造出丰富口感。

●食材（1人份）

意大利面⋯⋯⋯⋯⋯⋯⋯⋯⋯ 100g
鲜口蘑⋯⋯⋯⋯⋯⋯⋯⋯⋯ 4朵
市售番茄沙司⋯⋯⋯⋯⋯⋯⋯ 100g
鲜奶油⋯⋯⋯⋯⋯⋯⋯⋯ 1½大匙

帕尔马干酪（磨碎）、欧芹（切碎）
⋯⋯⋯⋯⋯⋯⋯⋯⋯⋯⋯⋯ 各适量
□黄油、食盐、胡椒粉

●制作方法

①口蘑去菌柄，切薄片备用。
②向平底锅里加入1大匙黄油，待黄油化开，加入切好的口蘑，用中火炒至口蘑变软。加入番茄沙司、鲜奶油、食盐和胡椒粉煮沸。
③将意大利面置于添加适量食盐的热水里煮，煮好后沥干水分，加到②中做好的酱汁里，迅速搅拌均匀。装盘，撒上帕尔马干酪和欧芹即可。

肉酱意大利面

要问从孩提时代起就十分喜爱的意大利面，很多人会回答肉酱意大利面吧！稍稍加入些番茄酱，虽不是地道的意大利风味，却是让人怀念的独特味道。

●食材（1人份）

意大利面⋯⋯⋯⋯⋯⋯⋯⋯⋯ 100g
牛肉馅⋯⋯⋯⋯⋯⋯⋯⋯⋯ 70g
市售番茄沙司⋯⋯⋯⋯⋯⋯⋯ 100g
番茄酱⋯⋯⋯⋯⋯⋯⋯⋯⋯ 2小匙

面粉⋯⋯⋯⋯⋯⋯⋯⋯⋯ 1小匙
帕尔马干酪（磨碎）⋯⋯ 适量
□橄榄油、食盐、胡椒粉

●制作方法

①向平底锅里加入1小匙橄榄油，待油热之后加入牛肉馅，用中火翻炒至肉馅焦香酥脆。撒入面粉，加入番茄酱和番茄沙司煮一会儿，加入少许食盐和胡椒粉调味。
②将意大利面放入添加适量食盐的热水中煮，煮好后沥干水分，加到①中煮好的酱汁里，快速搅拌均匀。装盘，撒上帕尔马干酪即可。

浓稠培根鸡蛋意大利面

培根、帕尔马干酪、鲜奶油，再加上蛋黄，令人难以想象的奢侈搭配！既然要吃就要吃最美味的，秉持这样的想法，选择了很多浓郁的食材制作这款意大利面。培根要用传统方法制作，也有不炒至酥脆的方法，请注意区分。

将制作酱汁用的全部食材加到平底锅里搅拌均匀。加入沥干水分的意大利面，用文火加热。

慢慢搅拌 10 秒钟左右，就可以完全搅拌开，大约呈半熟状态后迅速关火，将食材装盘。这样做出的鸡蛋也不会太硬。

●食材（1人份）

意大利面·················100g
培根···················2 片
◎酱汁
蛋黄···················1 个
帕尔马干酪（磨碎）···3 大匙
鲜奶油·················2 大匙
□食盐、粗碾黑胡椒

●制作方法

①将培根直接放入没有添加任何食材的平底锅里，用文火炒至酥脆，取出置于厨房用纸上，吸干多余油脂。用厨房剪刀将培根剪成 1cm 宽条。平底锅直接放置一旁备用。

②将意大利面置于加入适量食盐的热水中煮好。

③向①中用完的平底锅里加入制作酱汁用的各种食材，加入培根搅拌均匀，加入②中沥干水分的意大利面。用文火加热，边加热边搅拌，将酱汁煮至半熟状态。装盘，多撒些粗碾黑胡椒即可。

和风菌类意大利面

用多种菌类制成这款黄油酱油风味的意大利面。最后放入萝卜泥，让面条更容易搅拌开，味道也更加清爽。可用大蒜和橄榄油代替黄油，做出的意大利面令人印象深刻。

●食材（1人份）

意大利面	100g	培根	1片
喜欢的菌类（蟹味菇、香菇等）		红辣椒（切小圈）	少许
	共计70g左右	萝卜泥	1/3杯
大葱	1/2根	□食盐、黄油、酱油、胡椒粉	

●制作方法

①去掉菌类的菌根，切成适当大小，大葱斜向切薄片，培根切成1cm宽条备用。

②将意大利面置于添加适量食盐的热水中煮好。

③向平底锅里加入1大匙黄油，待黄油化开，加入切好的大葱、培根、红辣椒、菌类等，用中火翻炒至菌类变软，加入2小匙酱油、少许胡椒粉搅拌均匀。加入②中沥干水分的意大利面，搅拌均匀，装盘，放上稍微挤去水分的萝卜泥，浇上少许酱油即可。

沙拉风羊栖菜通心粉

一般会选用羊栖菜芽或者长羊栖菜制作这款通心粉。将柔软的羊栖菜芽放入水里发泡后就可以使用了，制成沙拉或者混入天妇罗的面衣里都十分美味。此外，还可以放入铁板烧和煎鸡蛋里。

●食材（2人份）

意大利通心粉	50g	A	柠檬汁	2小匙
羊栖菜芽（干）	2小匙		酱油	2小匙
水芹（切成3cm长）	6根		胡椒粉	少许
培根	1片	□食盐、橄榄油		
大蒜（切薄片）	1瓣			

●制作方法

①将通心粉放入添加适量食盐的热水中煮软，捞出过凉水，沥干水分备用。

②将培根置于平底锅里，用文火炒至酥脆，取出置于厨房用纸上，吸干多余油脂，切成1cm宽条备用。

③向平底锅里加入3大匙橄榄油、大蒜，用文火翻炒至大蒜略微上色，关火，冷却。将冷却的大蒜油与①、②中的食材、水芹、A中食材混合均匀，装盘即可。

那不勒斯意大利面

🍜🍜🍜

这款意大利面在日本可谓家喻户晓。不论是茶餐厅还是食堂都能看到它的身影。将煮好的意大利面放置一段时间，待面条稍微坨了之后翻炒。一定要加入粉末状奶酪和塔巴斯科辣椒酱，而且不能将面煮得太劲道。

●食材（1人份）

意大利面	100g	口蘑（罐头）	1/2 小罐
洋葱	1/4 个	番茄酱	3 大匙
青椒	1 个	帕尔马干酪（磨碎）	适量
火腿	2 片	□食盐、色拉油、胡椒粉	

●制作方法

①将意大利面置于添加适量食盐的热水里煮，煮好后沥干水分，与 1 大匙色拉油混合均匀，放置 1 小时左右。

②将洋葱切成 1cm 宽条，青椒去蒂去籽，纵向切成 1cm 宽条，火腿先从中间切开再切成 1cm 宽条。

③向平底锅里加入 1 大匙色拉油加热，加入②中切好的食材，用中火翻炒至食材变软，加入沥干汤汁的口蘑、①中煮好的意大利面翻炒。加入番茄酱、少许胡椒粉搅拌均匀，装盘，撒上帕尔马干酪，结合个人口味，添加适量塔巴斯科辣椒酱。

将煮好的意大利面与适量色拉油搅拌均匀，是防止意大利面粘连的关键。这样做出的意大利面才会有那不勒斯风味。

蛋包意大利面

🍚🍚🍚

很多意大利的妈妈们，如果前一天煮多了意大利面，第二天早上都会用多余的
面条来制作这款蛋包意大利面，作为孩子的便当。即使不做成便当，也可以特
意做这款料理来享用。用那不勒斯细面制作亦可。

●**食材（容易制作的分量、3~4人份）**

煮好的意大利面·························100g
午餐肉·································60g
绿芦笋··································1把
洋葱·································1/4个
鸡蛋····································3个
牛奶··································2大匙
比萨用奶酪·····························50g
□食盐、胡椒粉、黄油

●**制作方法**

①将午餐肉切成1cm见方的小块，芦笋切成1cm宽的小段，洋葱切碎备用。

②将鸡蛋打到碗里搅拌开，加入牛奶、比萨用奶酪、1/4小匙食盐、少许胡椒粉，搅拌均匀。

③将1大匙黄油加到平底锅（直径18cm）里化开，加入①中切好的食材，炒至食材变软。加入煮好的意大利面，倒入②中搅拌好的蛋液，边倒入边搅拌锅中的食材，加热约1分钟至食材半熟。用平锅盖将食材翻转过来，继续加热2分钟左右即可。

用木铲稍微翻动一下，检查鸡蛋底部是否已经烤成黄色。

盖上平锅盖。建议选用可以放到锅里的木质锅盖。

将整个平底锅翻转过来（温度较高，操作时请防止烫伤），这样蛋包意大利面就被转移到锅盖上了，倾斜锅盖将其放回平底锅里。

奶酪烤意大利面

如果有煮多的意大利面，还可以尝试这款料理。由于煮面的时候已经添加适量食盐，因此制作白酱的时候可适量减少食盐的添加。面条容易吸收酱汁里的水分，建议多做一些酱汁。添加奶酪会更美味。

●食材（2人份）

煮好的意大利面·······················100g
维也纳香肠·····························2根
鲜口蘑·································4朵
西蓝花（分成小朵）···················2个
洋葱··································1/4个
面粉··································2大匙
牛奶··································2杯
比萨用奶酪····························30g
□黄油、食盐、胡椒粉

●制作方法

①将煮好的意大利面切成7~8cm长段，维也纳香肠斜向切薄片，鲜口蘑去菌根后切成5mm厚片，西蓝花切成3cm见方的小块，洋葱切薄片备用。

②向平底锅里加入2大匙黄油，待黄油化开，加入①中切好的维也纳香肠和各种蔬菜，用中火翻炒至食材变软。加入面粉继续翻炒，加热至黄油完全融入食材里，加入凉牛奶，搅拌均匀。煮一段时间，煮至食材变浓稠，加入①中切好的意大利面、少许食盐和胡椒粉，搅拌均匀。

③将②中食材倒入烤盘里，放上比萨用奶酪，置于预热好的烤箱里烤上颜色即可。

专栏 ⑤ 搭配面食的盐渍蔬菜及小菜

白萝卜＋花椒小鱼干

◎食材（1~2 人份）和制作方法

取 5cm 长的白萝卜，去皮后切成银杏叶形状，撒上 1/3 小匙食盐揉搓一下。待萝卜变软之后，挤干水分，加入 2 大匙花椒小鱼干搅拌均匀即可。

胡萝卜＋火腿

◎食材（1~2 人份）和制作方法

取 1 根胡萝卜，去皮后切成 4~5cm 长细丝，撒上 1/4 小匙食盐揉搓一下。待胡萝卜变软之后，挤干水分，与 3 片切成细丝的火腿混合均匀。

白菜＋绿紫苏

◎食材（1~2 人份）和制作方法

将 1 片白菜切成 2~3cm 长条，撒上 1/3 小匙食盐充分揉搓。待白菜变软之后，挤干水分，加入 4 片切碎的绿紫苏搅拌均匀。

秋葵＋鸡胸肉

◎食材（1~2 人份）和制作方法

将 1 块鸡胸肉置于耐热容器里，撒上少许清酒，裹上保鲜膜置于微波炉（600W）中加热 2 分钟左右。待鸡肉凉透之后，撕碎备用。将 8 根秋葵去蒂，切成小片，撒上 1/3 小匙食盐充分揉搓，与处理好的鸡胸肉混合。

京水菜＋蟹足棒

◎食材（1~2 人份）和制作方法

将 1 棵京水菜切成 3cm 长的小段，撒上 1/3 小匙食盐揉搓一下。待京水菜变软之后，挤干水分，与 3 根切成 2cm 长、撕成丝的蟹足棒混合均匀。

苦瓜＋蛋黄酱

◎食材（1~2 人份）和制作方法

将 1/2 根苦瓜纵向切两半，用汤匙去籽、去瓤后切薄片。加入 1/3 小匙食盐充分揉搓，待苦瓜变软之后，挤干水分，加入 1 大匙蛋黄酱搅拌均匀即可。

豆苗＋筒状鱼卷

◎食材（1~2 人份）和制作方法

将 1 袋豆苗去根，从中间切两段，撒上 1/4 小匙食盐揉搓一下。待豆苗变软之后，挤干水分，与 1 根切成适当大小的筒状鱼卷混合均匀。

黄瓜

◎食材（1~2 人份）和制作方法

将 1 根黄瓜切成薄片，撒上 1/4 小匙食盐揉搓一下，待黄瓜变软之后，挤干水分即可。

青椒＋干鲣鱼片

◎食材（1~2 人份）和制作方法

将 2 个青椒去蒂、去籽，横向切细丝。加入 1/4 小匙食盐揉搓一下。待青椒变软之后，挤干水分，与 1/2 盒干鲣鱼片（约 2g）混合均匀即可。

圆白菜＋罐装扇贝丁

◎食材（1~2 人份）和制作方法

将 2 片圆白菜切成 4cm 见方的小块，加入 1/3 小匙食盐充分揉搓。待圆白菜变软之后，挤干水分，加入 1/2 罐沥干汤汁的扇贝丁（约 40g）混合均匀即可。

大葱＋芝麻油

◎食材（1~2 人份）和制作方法

将 1/2 根大葱斜向切薄片，加入
1/4 小匙食盐充分揉搓。待大葱变
软之后，挤干水分，加入 2 小匙
芝麻油搅拌均匀即可。

芜菁＋生火腿

◎食材（1~2 人份）和制作方法

将 3 个大芜菁带皮切成半月形薄
片，撒上 1/3 小匙食盐充分揉搓。
待芜菁变软之后，挤干水分，加
入 2~3 片切碎的火腿搅拌均匀。

茄子＋梅干

◎食材（1~2 人份）和制作方法

将 1 根茄子去蒂，先纵向切两半
再横向切薄片，撒上 1/4 小匙食盐
充分揉搓。待茄子变软之后，挤
干水分，取 1 个梅子干去核、切碎，
放入腌好的茄子搅拌均匀即可。

茗荷

◎食材（1~2 人份）和制作方法

将 2 个茗荷斜向切薄片，撒上 1/3
小匙食盐充分揉搓，待茗荷变软
后挤干水分即可。

芹菜＋玉米粒

◎食材（1~2 人份）和制作方法

将 1 根芹菜去筋、斜向切薄片，
撒上 1/4 小匙食盐充分揉搓。待
芹菜变软之后，挤干水分，加入
3 大匙玉米粒（罐装）搅拌均匀
即可。

中华面

从中华冷面到带汤汁、不带汤汁的拉面，再到炒面等，种类繁多，做法多样。无论如何都想吃一碗面的时候，强烈推荐中华面。淡黄色的面条，配上独特味道的面汤以及丰富的菜码。色香味俱全，无以复加！

* 中华面的煮法→ p.48

中华冷面

日本有一家做中华冷面的知名老店，会仿照富士山的形状装盘。这里选用与那家店不同的食材以及更为简单的醋和酱油制作这款广为人知的冷面。图中的照片是在油漆画匠人所画的富士山前拍摄的。

●食材（1人份）

中华面（鲜面或者干面）……1团
鸡蛋………………………………1个
里脊火腿…………………………4片
黄瓜………………………………1/2根
红姜丝、黄芥末酱………各少许
◎汤汁
醋、酱油……………各 1½ 大匙
砂糖…………………………1½ 小匙
芝麻油………………………1 小匙
鸡精…………………………1 小撮
水……………………………4 大匙
□食盐、胡椒粉、色拉油

●制作方法

①将鸡蛋打到碗里搅拌开，加入少许食盐、胡椒粉搅拌均匀。向平底锅里加入少许色拉油，待油热之后，倒入薄薄一层搅拌好的蛋液，摊成蛋皮。摊好的蛋皮切细丝备用。黄瓜和里脊火腿切细丝备用。

②用热水煮中华面，煮好后过凉水，沥干水分，直接装盘。

③将搅拌好的汤汁浇到②中煮好的面条上，放上①中切好的各种食材，放上红姜丝、加入黄芥末酱即可。

裙带菜中华冷面

我曾乘坐慢行电车在日本三陆地区的里亚斯型海岸旅行，在车站的荞麦面店吃到了裙带菜拉面，其美味让人难以忘怀。后来我就尝试用裙带菜制作中华冷面。炎炎夏日，多加些醋汁，味道分外清爽。

●食材（1人份）

中华面（鲜面或者干面）…… 1 团	
火锅用猪肉…………………… 4 片	
裙带菜梗丝…………… 1 盒（50g）	
京水菜………………………… 1 棵	
生姜（磨碎）………………… 1 小匙	

◎汤汁

醋、酱油………………… 各 1½ 大匙	
砂糖…………………………… 1½ 小匙	
芝麻油………………………… 1 小匙	
鸡精…………………………… 1 小撮	
水……………………………… 4 大匙	
□食盐	

●制作方法

①将京水菜切成4cm长段，添加1/4小匙盐充分揉搓，待京水菜变软之后，挤干水分备用。

②用热水煮好中华面，将猪肉置于煮面汤汁里，稍微煮一会儿，取出。煮好的面条过凉水，沥干水分后装盘。

③将①中处理好的京水菜、猪肉、裙带菜梗丝、生姜置于②中煮好的面条上，浇上搅拌好的汤汁即可。

芝麻酱中华冷面

芝麻酱还可以用来制作沙拉、火锅等。如果喜欢，还可以加入辣油，制成香辣芝麻酱。加入水煮肉类、新鲜蔬菜、水煮蔬菜、白肉刺身等食材，享用多种风格的美味。

●食材（1人份）

中华面（鲜面或者干面）…… 1 团	
鸡胸肉………………………… 1 块	
番茄（切成半月形）…… 1/2 小个	
大葱（切碎）………… 10cm 长	
干裙带菜……………………… 1 大匙	

◎汤汁

白芝麻碎……………………… 2 大匙	
醋、酱油………………… 各 1½ 大匙	
砂糖…………………………… 1½ 小匙	
蛋黄酱、芝麻油………… 各 1 小匙	
鸡精…………………………… 1 小撮	
水……………………………… 4 大匙	
□七味粉	

●制作方法

①将裙带菜放入水中泡开，沥干水分。

②用热水煮好中华面，将鸡胸肉置于煮面汤汁里煮2分钟，取出用手撕开。煮好的面条过凉水，沥干水分，装盘。

③将①中泡好的裙带菜、鸡胸肉、大葱、番茄置于面条上，浇上搅拌好的汤汁，撒上适量七味粉即可。

番茄拉面

让人惊艳的靓丽汤色，风味独特。这种制作方法还适用于方便面。
大量添加菠菜、小松菜、圆白菜、玉米粒等食材，充分弥补蔬菜
摄入不足的问题。

●食材（1人份）

中华面（鲜面或者干面）……1团
菠菜……………………………3棵
玉米粒（罐装）……………3大匙
◎面汤
番茄汁（无盐）…………… 1/2 杯
鸡精…………………………1½ 小匙

水……………………………… 1½ 杯
食盐………………………… 1/3 小匙
酱油………………………… 1/4 小匙
胡椒粉………………………少许
□粗碾黑胡椒

●制作方法

①用热水煮中华面，煮好前1分钟加入切成5cm长段的菠菜一起煮，煮
好后捞出，沥干水分，装盘。

②将制作面汤的食材放入锅里煮沸，浇到①中煮好的面条上，放上玉米粒，
撒上适量粗碾黑胡椒即可。

豆芽拉面 🍚🍚

日本人经常用豆芽制作素菜，美味而特别。这款拉面加入了很多豆芽，美味势不可当。一直作为配角的豆芽，这次竟也成了咸味拉面的主角。

● **食材（1 人份）**

中华面（鲜面或者干面）…… 1 团
猪肉薄片……………………… 2 片
豆芽……………………… 2/3 ~ 1 袋
京水菜………………………… 1 棵
◎面汤
鸡精…………………………… 1½ 小匙
水…………………………………… 2 杯
食盐………………………… 1/2 小匙
胡椒粉……………………………… 少许
□芝麻油、粗碾黑胡椒

● **制作方法**

①将猪肉切成 3cm 宽条，京水菜切成 4cm 长段。
②向平底锅里加入 1 大匙芝麻油加热，加入猪肉翻炒，加入京水菜和豆芽用大火迅速翻炒。加入制作面汤的各种食材煮沸。
③用热水煮中华面，煮好后沥干水分，装盘。浇上②中做好的面汤，撒上适量粗碾黑胡椒即可。

大葱拉面 🍚🍚

大葱切段香味较为浓郁，切碎口感较好，斜向切薄片则兼具两大优点。食盐和芝麻油的加入很好地中和了辣味。喜欢吃葱的人会直接使用未经冲洗的大葱，味道更为浓郁，做出的料理更加美味。

● **食材（1 人份）**

中华面（鲜面或者干面）… 1 团
大葱…………………………… 1 根
市售叉烧肉（切薄片）… 4 片
◎面汤
鸡精…………………………… 1½ 小匙
水…………………………………… 2 杯
酱油………………………………… 1 大匙
食盐………………………… 1/4 小匙
胡椒粉……………………………… 少许
□食盐、胡椒粉、芝麻油

● **制作方法**

①将大葱斜向切薄片，切好后用水清洗一下，沥干水分。叉烧肉切成 1cm 宽条。切好的食材全部放入碗里，加入 1/3 小匙食盐、少许胡椒粉、2 小匙芝麻油，搅拌均匀。
②用热水煮中华面，煮好后沥干水分备用。
③将制作面汤的各种食材放到锅里煮沸，浇到②中煮好的面条上，放上①中切好的食材即可。

夏日清爽面

酱油味的浓稠汤汁搭配多种蔬菜，令整款面的味道更加丰富，横滨的大街小巷经常会见到这样的夏日清爽面。基本都会做成咸味，不是什么太具特色的口味，但偶尔想吃的时候，总会给人一种安心感。

●食材（1人份）

中华面（鲜面或者干面）……… 1 团
猪肉薄片…………………………… 2 片
胡萝卜…………………………… 1/5 小根
小松菜…………………………… 1 棵
韭菜……………………………… 1/2 把
豆芽……………………………… 1/2 袋
水煮鹌鹑蛋……………………… 1 个

◎面汤

鸡精……………………………… 1½ 小匙
水………………………………… 2 杯
酱油……………………………… 1 大匙
食盐……………………………… 1/3 小匙
胡椒粉…………………………… 少许
A │ 淀粉…………………………… 1 大匙
　 │ 水……………………………… 1 大匙
□芝麻油、粗碾黑胡椒

●制作方法

①将猪肉切成 3cm 宽条，胡萝卜切成短条状，小松菜和韭菜切成 4cm 长段备用。

②将 1 大匙芝麻油加到平底锅里加热，加入切好的猪肉用中火翻炒，待肉熟透之后，依次加入切好的胡萝卜、小松菜、韭菜和豆芽翻炒，炒至蔬菜变软，加入制作面汤的各种食材，煮至沸腾，一点点倒入充分搅拌开的 A 中食材，使面汤浓稠些。

③用热水煮中华面，煮好后沥干水分，装盘。倒入②中做好的汤料，撒上适量黑胡椒，放上鹌鹑蛋即可。

2款担担面

蘸汁担担面

2款香辣芝麻酱担担面。蘸汁担担面以酱油为基础，带汁担担面以味噌为基础。即使不使用芝麻酱，用芝麻碎也能做得很美味。秘诀是把肉馅炒香。放入豆浆味道会更醇厚，谁都可以做得很好吃。

●食材（1人份）

中华面（鲜面或者干面）
　………………………1团
大葱（切碎）………3大匙

◎蘸汁
猪肉馅………………50g
A｜生姜（切碎）……1小匙
　｜大蒜（切碎）……1小匙
　｜豆瓣酱……1/2～1小匙

B｜豆浆（无添加）……1杯
　｜酱油………………1大匙
　｜鸡精…………1/2小匙

□芝麻油、色拉油

●制作方法

①将2小匙芝麻油加到平底锅里加热，加入猪肉馅，用中火炒至肉馅香脆，加入A中食材，翻炒至散发香味，加入B中食材后稍微煮沸。
②用热水煮中华面，煮好后沥干水分，加入2小匙色拉油搅拌均匀，装盘。放上切好的大葱，用面条蘸取①中做好的蘸汁享用。

●食材（1人份）

中华面（鲜面或者干面）
　………………………1团
青梗菜………………1棵

◎面汤
猪肉馅………………50g
A｜大葱（切碎）……3大匙
　｜生姜（切碎）……1小匙
　｜大蒜（切碎）……1小匙

B｜鸡精…………1½小匙
　｜水………………1杯
　｜味噌………………1大匙
　｜酱油………………1小匙
　｜豆瓣酱……1/2～1小匙
豆浆（无添加）………1杯
白芝麻碎……………2大匙

□色拉油

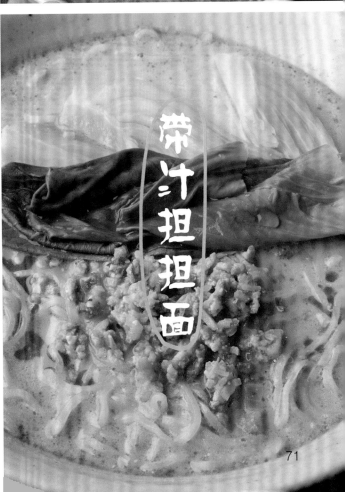

带汁担担面

●制作方法

①将青梗菜横向从中间切开，根部纵向切4等份。
②将1大匙色拉油加到平底锅里加热，加入猪肉馅，翻炒至肉馅香脆，加入A中食材，炒出香味，依次加入B中食材、豆浆和芝麻碎，稍微煮沸。
③用热水煮中华面，在煮好前2分钟，加入①中切好的青梗菜一起煮，煮好后沥干水分，装盘。浇上②中做好的面汤，放上煮好的青梗菜即可。

肉馅馄饨皮 😋😋😋

用馄饨皮包住馄饨馅，如果包得不好，煮着煮着馅与面皮便会分开。制作这款面要先将肉馅置于锅中煮熟，再用馄饨皮代替面条加到锅里，面皮爽滑的口感十分重要，因此煮的时候要注意把握火候。馄饨馅可以直接用虾肉馅，也可以选用纯猪肉馅。

●食材（1人份）

馄饨皮	10片	豆芽	1/4袋
馄饨馅料		大葱（斜向切薄片）	10cm长
虾仁	40g	◎面汤	
猪肉馅	2大匙	鸡精	1½小匙
大葱（切碎）	2小匙	水	2杯
水	2小匙	酱油	2小匙
淀粉	1小匙	食盐	1/4小匙
食盐、胡椒粉	各少许	五香粉（可选）	少许

●制作方法

①将虾仁切碎加到碗里，加入剩余的馄饨馅料食材，搅拌均匀。

②将馄饨皮用热水煮熟，用笊篱捞出，沥干水分。

③将豆芽、大葱、制作面汤的食材加到锅里煮沸，将①中搅拌好的馅料团成一口大小加到锅里，煮至肉馅浮起来，加入②中馄饨皮稍微加热一会儿，将锅中的全部食材带汤汁装盘。结合个人口味添加适量五香粉和胡椒粉即可。

炸鸡拉面

炸鸡版猪排面（放上炸猪排的拉面）。鸡肉要厚度均一，这样才能受热均匀，裹上天妇罗粉就能炸出酥脆口感。平时想做简单炸鸡时，推荐尝试这款。

●食材（1人份）

中华面（鲜面或者干面）······1团
鸡腿肉······1/2块
小松菜······1棵
市售天妇罗粉······3大匙
大葱（切葱花）······适量

◎面汤
鸡精······1½小匙
水······2杯
酱油······1大匙
食盐······2小撮
□酱油、炸制用油、粗碾黑胡椒

●制作方法

①在鸡腿肉较厚的部位入刀，左右展开成均一厚度。撒上1小匙酱油，静置2分钟左右，裹上天妇罗粉，入中温（170℃）的炸制用油中炸3分钟左右，将鸡肉炸成黄褐色。

②用热水煮中华面，在煮好前1分钟加入小松菜，与面条一起煮。将沥干水分的面条直接装盘，煮好的小松菜切成3～4cm长段备用。

③将制作面汤的食材加到锅里煮沸，浇到②中煮好的面条上。放上切成适当大小的炸鸡、小松菜、大葱，撒上适量粗碾黑胡椒即可。

酸辣汤风味面

喜爱吃酸的人可以在面条装盘之后浇上适量醋汁。这款面条的辣味来自于黑胡椒。醋和粗碾黑胡椒的用量可以结合个人口味适当调整。

● 食材（1 人份）

中华面（鲜面或干面）… 1 团	◎面汤	
猪肉薄片……………… 2 片	鸡精……………… 1½ 小匙	
白菜…………………… 1 片	水………………………… 2 杯	
胡萝卜……………… 1/5 根	食盐……………… 1/2 小匙	
鲜香菇………………… 1 朵	A	淀粉…………… 2 小匙
鸡蛋………………… 1 个		水……………… 1 大匙
	□醋、粗碾黑胡椒	

● 制作方法

①将猪肉切成 2cm 宽条、白菜切成 1cm 宽条，胡萝卜切成短条状，香菇去菌根后切薄片备用。

②将制作面汤的全部食材加到锅里煮沸，加入①中切好的食材，用中火煮 3 分钟左右，煮的过程中不断撇去表面浮末，加入混合均匀的 A 中食材，倒入搅拌开的蛋液，将食材充分煮透。

③用热水煮中华面，煮好后沥干水分，装盘。倒入②中煮好的汤料，浇上少许醋，撒上适量粗碾黑胡椒即可。

辣味肉末油面

这是一款不带汤汁的台湾风味面条。肉酱里添加 1 小撮五香粉。因为只添加了适量色拉油简单调拌，这样一来面条的口感就显得十分重要了。

● 食材（1 人份）

中华面（鲜面或干面）…1 团	B	白芝麻碎…………1 大匙
猪肉馅………………… 40g		酱油…………… 1½ 小匙
韭菜（切成5cm长）…… 1/4 把		味噌…………… 1 小匙
A	大葱（切碎）……1 大匙		豆瓣酱………… 1/2 小匙
	生姜（切碎）……1 小匙	C	芝麻油………… 1 小匙
	大蒜（切碎）……1 小匙		鸡精………… 1/4 小匙
		大葱（切碎）………… 适量
		□色拉油、粗碾黑胡椒

● 制作方法

①向平底锅里加入 1 小匙色拉油加热，加入搅散的肉馅，用中火翻炒至肉馅香脆。加入 A 中食材炒出香味，加入 B 中食材搅拌均匀。

②用热水煮中华面，煮好前加入切好的韭菜，煮好的面条沥干水分，与 C 中食材混合，直接装盘。

③将①中食材、大葱放到②中煮好的面条上，撒适量粗碾黑胡椒即可。

韩国风辣味拉面

韩国拉面以干面居多，选用方便面制作亦可。将面条置于调好味的汤汁里煮一会儿，倒入蛋液，煮成蓬松状即可。

●食材（1人份）

中华面（鲜面或者干面）············ 1 团
A 大葱（斜向切薄片）··········· 1/2 根
　 大蒜（切薄片）··············· 1/2 瓣
鸡蛋································· 1 个
辣椒粉（或者一味辣椒粉）······· 少许
◎面汤
鸡精······························1½ 小匙
水··································· 2 杯
酱油································ 1 大匙
朝鲜辣酱···························· 1 小匙
食盐、胡椒粉······················各少许

●制作方法

①将中华面用热水煮得稍微硬些，煮好后沥干水分备用。
②将 A 中食材、制作面汤的食材全部加到锅里煮沸，一点点倒入搅拌开的蛋液，稍微煮一段时间，加入①中煮好的面条，煮至沸腾。装盘，撒上辣椒粉。结合个人口味添加适量芝麻碎和切成葱花的大葱即可。

浇汁盖面

只需将添加蔬菜的芡汁浇在油炸面条上，一款浇汁盖面就做好了。不论是炸至酥脆的面条，还是被芡汁泡软的面条，两种面条都很美味。浇醋食用的话，口感更酸爽，也可以搭配伍斯特辣酱油。

●食材（1人份）

中华油炸面	1团
猪肉薄片	2片
蒜苗	5根
豆芽	1/4袋
蟹味菇	1/3小盒
大葱	1/2根
柿子椒（红）	1/8个

○芡汁

鸡精	1小匙
水	1½杯
酱油	2小匙
食盐	1/4小匙
胡椒粉	少许
A 淀粉	1大匙
水	1大匙

□色拉油

●制作方法

①将猪肉切成2cm宽条，蒜苗切成3cm长段，蟹味菇去菌根，撕成适当大小，大葱斜向切薄片，柿子椒去蒂、去籽后切成细丝。

②向平底锅里加入1大匙色拉油加热，加入切好的猪肉翻炒，炒熟后加入①中剩余的食材和豆芽翻炒。将制作芡汁的食材加到锅里煮沸，加入混合好的A中食材，煮至浓稠状。

③将面条装盘，浇上②中做好的蔬菜芡汁即可。

蔬菜什锦汤面

用大火翻炒蔬菜，添加面汤煮制，待油分慢慢渗入汤汁里，诱人
的白色汤汁赋予了什锦汤面独特的温和口感。一般在家里很难做
出这种汤汁，因此会适当添加豆浆，做出白汤的口感和即视感。
将稍微煮过的面条放入添加各种蔬菜的面汤里，令汤汁的美味慢
慢渗入到每一根面条里。

● 食材（1人份）

粗中华面（鲜面）	1团
猪肉薄片	2片
圆白菜	2片
洋葱	1/4个
胡萝卜	1/5小根
鲜香菇	1朵
荷兰豆	4个
蟹足棒	2根

水煮鹌鹑蛋	1个
猪油（或者色拉油）	1大匙
◎面汤	
A 鸡精	1½小匙
水	2杯
食盐	1/3小匙
豆浆（无添加）	1/4杯

● 制作方法

①用热水煮中华面，煮好后沥干水分备用。
②将猪肉切成2cm宽条，圆白菜切3cm长的方形，洋葱切
成1cm宽条，胡萝卜切成短条，香菇去菌根后切薄片备用。
荷兰豆去筋，蟹足棒纵向、横向各切一刀。
③将猪油加到平底锅里，待油化开加入②中切好的各种食
材、鹌鹑蛋，用中火快速翻炒，加入A中食材煮沸。依次
加入豆浆和①中煮好的面条煮沸。将面汤与面条一起装盘
即可。

咸味炒面 🍚🍚🍚

中式炒面都是用刚煮好的面条做的。比起细面，我个人认为较粗或者较宽的面条更适合用来制作炒面。20年前，我家附近有一家中华料理店，那里的上海风味炒面令我至今难忘。

● **食材（1人份）**

粗中华面（鲜面）……	1团*	面粉……	1小匙
带壳大虾……	4只	B 鸡精……	1/3 小匙
小松菜（切成3cm长）…	1棵	食盐……	1/3 小匙
大葱（斜向切薄片）……	1根	胡椒粉……	少许
鲜香菇（切薄片）……	2朵	□食盐、胡椒粉、色拉油	
A 大蒜（切薄片）……	1/2 瓣	* 选用中华蒸面亦可。	
红辣椒（切小圈）……	少许		

● **制作方法**

①虾去壳，除虾线，撒上少许食盐、胡椒粉，裹上适量面粉。
②用热水煮中华面，煮好后沥干水分备用。
③向平底锅里加入2大匙色拉油加热，加入处理好的虾仁用中火翻炒，加入A中食材和蔬菜，炒至食材变软，加入②中煮好的面条、B中食材翻炒均匀。装盘，结合个人口味添加适量醋和芥末即可。

鱼肠咖喱炒面 🍚🍚

我在美国的一家中华料理店里，点了菜单上的"新加坡风味○○"，端上来的却是用咖喱粉制作的料理。那家店的咖喱米粉十分美味，于是我尝试用咖喱粉制作炒面。添加猪肉或者海鲜也很美味。

● **食材（1人份）**

粗中华面（鲜面）………	1团*	A 咖喱粉、酱油 …	各1小匙
鱼肠……	1根	食盐……	1/4 小匙
细香葱……	6根	胡椒粉……	少许
大蒜（切薄片）……	1瓣	□色拉油	
番茄……	1小个	* 选用中华蒸面亦可。	

● **制作方法**

①将鱼肠纵向切两半再斜向切薄片，细香葱切成3cm长段，番茄切成2cm见方的小块。
②用热水煮中华面，煮好后沥干水分备用。
③向平底锅里加入2大匙色拉油加热，加入切好的鱼肠、细香葱、大蒜，用中火翻炒，加入②中煮好的面条和A中食材翻炒均匀。装盘，放上切好的番茄即可。

酱汁墨鱼炒面

酱汁炒面与普通的中式炒面不同，即便不使用刚刚煮好的面条也能做出十分美味的炒面。酱汁用的是街边面店里常见的"炒面酱汁"。这种酱汁搭配炸竹笺鱼和炸墨鱼也十分美味。

●食材（1人份）

中华面（鲜面或者干面）…… 1团
冷冻墨鱼卷…………………… 100g
圆白菜………………………… 1大片
洋葱…………………………… 1/4 个
胡萝卜………………………… 1/5 小根
炒面酱汁……………………… 2大匙
青海苔、红姜……………… 各适量
□色拉油、食盐、胡椒粉
＊选用中华蒸面亦可。

●制作方法

①用热水煮中华面，煮好后沥干水分。
②墨鱼卷用微波炉稍微解冻，然后切成1cm宽短条状，圆白菜切成4cm长的方形，洋葱切1cm宽条，胡萝卜去皮后切细丝备用。
③将1大匙色拉油加到平底锅里加热，加入切好的墨鱼卷用中火翻炒至半熟，加入切好的蔬菜，慢慢翻炒3~4分钟，将蔬菜里的水分炒出来。
④加入①中煮好的面条、炒面酱汁翻炒均匀，加入少许食盐、胡椒粉调味。装盘，撒上青海苔，放上适量红姜即可。

濑尾幸子（Yukiko Seo）

料理研究家。自学生时代便担任料理研究家的助手，后自立门户。其所创料理被公认为返璞归真、质朴美味的料理。忙碌的时候或饮酒之后做一碗热腾腾的面再好不过。只要家里有干面条，就能马上吃到可口的面料理。"面食没有定式，煮面时火候的大小，做成冷面还是热面，都是随心情而定的。"著有《懒人的日式料理：饭100》（日本主妇与生活社）、《家常小菜》（日本池田书店）、《大众家常菜》（日本小学馆）等。

TITLE：［ひる麺100］
BY：［濑尾幸子］
Copyright © 2010 Yukiko Seo
Original Japanese language edition published by SHUFU TO SEIKATSUSHA CO.,LTD.
All rights reserved. No part of this book may be reproduced in any form without the written permission of the publisher.
Chinese translation rights arranged with SHUFU TO SEIKATSUSHA CO.,LTD.,Tokyo through NIPPAN IPS Co.,Ltd.

本书由日本株式会社主妇与生活社授权北京书中缘图书有限公司出品并由煤炭工业出版社在中国范围内独家出版本书中文简体字版本。
著作权合同登记号：01-2017-0586

图书在版编目（CIP）数据

懒人的日式料理. 面100 / （日）濑尾幸子著；于春佳译. -- 北京：煤炭工业出版社，2017

ISBN 978-7-5020-5947-7

Ⅰ.①懒… Ⅱ.①濑… ②于… Ⅲ.①面条 – 食谱 – 日本 Ⅳ.①TS972.183.13

中国版本图书馆CIP数据核字(2017)第149320号

懒人的日式料理：面100

著　者　［日］濑尾幸子　　　　　　　　译　者　于春佳
策划制作　北京书锦缘咨询有限公司（www.booklink.com.cn）
总策划　陈庆　　　　　　　　　　　策　划　滕明
责任编辑　马明仁　　　　　　　　　特约编辑　郭浩亮
设计制作　王青

出版发行　煤炭工业出版社（北京市朝阳区芍药居35号　100029）
电　话　010-84657898（总编室）
　　　　010-64018321（发行部）010-84657880（读者服务部）
电子信箱　cciph612@126.com
网　址　www.cciph.com.cn
印　刷　北京和谐彩色印刷有限公司
经　销　全国新华书店

开　本　889mm×1194mm¹/₁₆　印张　5　字数　62　千字
版　次　2017年11月第1版　2017年11月第1次印刷
社内编号　8827　　　　　　　　定价　39.80 元